BIBLIOTHÈQUE D'HORTICULTURE

(ENCYCLOPÉDIE HORTICOLE)

OUVRAGES DU MÊME AUTEUR

Calcéolaires, Cinéraires, Coleus, Héliotropes, Primevères de Chine, etc. (*Couronné par la Société nationale d'Horticulture de France.*)

Les Crotons et leur culture. (Extrait du *Journal de la Société Nationale d'Horticulture de France.*)

Les Népenthès et leur culture. (*Mémoire couronné par la Société Nationale d'Horticulture de France.*)

Les Plantes aquatiques ornementales de plein air (*Sous presse.*)

Les Plantes d'appartements, de fenêtres et de balcons. (*Sous presse.*)

CALADIUM

ANTHURIUM, ALOCASIA

ET

AUTRES AROÏDÉES DE SERRE

DESCRIPTION ET CULTURE

PAR

JULES **RUDOLPH**

Avec 22 figures dans le texte.

PARIS

OCTAVE DOIN
ÉDITEUR
8, PLACE DE L'ODÉON

LIBRAIRIE AGRICOLE
DE LA MAISON RUSTIQUE
26, RUE JACOB, 26

1898

PRÉFACE

En prenant comme titre le nom de trois genres de plantes connues et admirées de tout le monde, nous avons voulu indiquer que cet ouvrage est moins un traité sur les Aroïdées que la description et la culture des plus beaux végétaux de cette famille.

Deux considérations importantes nous ont engagé d'écrire ce petit livre : il n'existe en effet, croyons-nous, en France du moins, aucun travail complet sur les Aroïdées exotiques, à part des articles isolés parus dans les publications horticoles, mais disséminés un peu partout et parfois à de longs intervalles.

D'autre part, comme peut en juger quiconque s'intéresse au mouvement horticole actuel, les amateurs, s'ils deviennent plus nombreux, se font plus rares dans la culture des belles plantes de serre. On abandonne insensiblement les abris vitrés pour chercher, dans le jardin, des fleurs parfois moins belles, mais aussi moins coûteuses d'entretien.

Et, puisqu'il faut dire ce mot, les Aroïdées ne sont plus à « *la mode* », comme elles l'étaient il y a quelques années encore. Non pas qu'elles soient abandonnées, au contraire; mais elles semblent être passées dans le rang des plantes classiques et n'éveillent plus l'engouement qu'elles ont provoqué jadis.

Est-ce parce que certains genres paraissent avoir enfanté leurs plus belles variétés, ou encore parce que l'époque des belles introductions est un peu passée? Nous ne le croyons pas, d'autant plus que ces plantes n'ont pas encore accordé tout ce que les chercheurs peuvent leur demander par la voie de l'hybridation.

Et c'est précisément cette science de l'hybridation — ne maintient-elle pas la vogue des Orchidées? — aidée de quelques introductions, qui est capable de faire renaître un nouvel engouement pour les Aroïdées. Pour revenir à notre sujet, c'est l'idée de vouloir faire un petit travail avant tout pratique qui nous a guidé, et l'écrivant pour des amateurs et des jardiniers, nous avons voulu le présenter sous la forme la plus claire et en dehors de toute considération scientifique.

C'est donc simplement une énumération d'espèces et leur culture que nous offrons au public de la façon suivante :

Après quelques considérations générales, nous avons classé ces plantes par ordre alphabétique de noms de genres, et d'espèces dans chacun d'eux, mais en citant les hybrides à part.

Les noms génériques et spécifiques sont ceux adoptés par les botanistes modernes, sauf pour quelques plantes que nous avons cru devoir conserver sous leur nom horticole, mais en citant toutefois le substantif correct.

Les caractères généraux de chaque genre sont énumérés et une description donnée à chaque espèce citée, ainsi que ses principaux synonymes, son origine, l'année de son introduction, etc.

Pour faire ce travail, nous avons dû opérer des recherches nombreuses et mettre ainsi à contribution les excellents articles de MM. E. André et de la Devansaye parus dans la *Revue Horticole* depuis de longues années, les notes de M. E. Bergman parues dans le *Journal de la Société nationale d'Horticulture de France*, et pour beaucoup de descriptions de plantes peu connues, la bonne traduction du *Dictionnaire d'Horticulture* de Nicholson, traduit par M. S. Mottet, ainsi que le *Manuel général des Plantes*. Désirant être aussi bien renseigné que possible, nous avons eu recours à l'obligeance de MM. A. Bleu pour les *Caladium*, de la Devansaye pour les *Anthurium*, Chantrier frères pour les *Alocasia* et les *Anthurium*, qui ont bien voulu nous fournir de bons renseignements sur l'histoire des hybrides de ces plantes, etc. Nous devons aussi des remerciements, et nous les exprimons ici, à M. Bourguignon, directeur-gérant de la *Revue Horticole*, pour le prêt gracieux de la plupart des belles figures illustrant le texte, à M. le Dr F. Heim, qui a bien voulu nous laisser user de ses dessins analytiques, et à MM. Vilmorin-Andrieux et Cie, pour les figures 2, 3, 13, 16 et 22.

Puisse ce petit livre faire connaître ainsi un peu mieux ces brillants représentants de la flore exotique !

Jules Rudolph.

Asnières, le 20 février 1898.

CALADIUM, ANTHURIUM, ALOCASIA

ET

AUTRES AROÏDÉES DE SERRE

CONSIDÉRATIONS GÉNÉRALES SUR LES AROÏDÉES EXOTIQUES

Les Aroïdées, en général, présentent un cachet distinctif qui les fait aisément reconnaître, entre tous les végétaux, comme plantes de la même famille naturelle.

Que l'on examine le vulgaire Gouet de nos bois, les *Richardia* du Cap et les *Anthurium* ou *Alocasia* tropicaux, on trouve, entre chacun de ces genres différents, une affinité trop visible pour qu'elle passe inaperçue, même aux yeux du vulgaire. C'est peut-être une des familles les plus naturelles du règne végétal, aussi bien sous le rapport des caractères botaniques que sous celui des principes culturaux.

Les Aroïdées peuvent être considérées à deux points de vue différents :

1° Comme plantes florales ;

2° Comme plantes à feuillage ornemental.

Le genre *Anthurium* fournit à lui seul, dans les serres, les belles fleurs d'Aroïdées. Aussi singulières par les diverses formes qu'elles affectent que remarquables par la richesse des couleurs dont elles sont parées, les fleurs d'*Anthurium* sont de dignes rivales des plus belles Orchidées; il n'est plus fait maintenant de jolis bouquets sans elles; elles donnent, partout où on les place, un air d'exotisme et d'originalité que les plus curieuses « Filles de l'air » ne peuvent leur disputer avec avantage.

Là, comme chez presque toutes les plantes, c'est à de savants horticulteurs spécialistes et à d'heureuses introductions, même relativement récentes, que nous devons de pouvoir admirer ces magnifiques végétaux. L'hybridation a joué un rôle prépondérant dans l'obtention des *Anthurium*, rôle surtout remarquable en ce qu'il nous a procuré des coloris et des formes nouvelles; nous sommes loin, aujourd'hui, de l'*A. Scherzerianum* type, trouvé par Scherzer au Guatemala, et du premier *A. Andreanum*, rapporté de Colombie par M. Ed. André, en les comparant aux hybrides ou variétés de ces plantes obtenus tant en France qu'à l'étranger.

A notre époque, où l'on semble ne vouloir admettre comme belles que les fleurs qui ne sont pas conformées *comme les autres*, c'est-à dire les Orchidées, les Chrysanthèmes japonais et duveteux, les Reines-Marguerites à ligules irrégulières et frisées, on ne peut guère demander aux *Anthurium* plus que le cachet original et particulier que nous offrent leurs fleurs. Tantôt la spathe forme une courbe élégante et gracieuse, tout en semblant vouloir encore entourer le spadice qui est lui-même droit et raide chez certaines espèces; tantôt, dans d'autres, il se replie vers la spathe en formant une courbe, ou encore se contourne en spirale. La spathe elle-même varie de forme et de position; quelquefois elle est horizontale et forme un angle droit avec le spadice; dans d'autres cas, au contraire, elle est réfléchie et s'incline même sur le pédoncule, donnant alors une vague idée d'une voile de vaisseau gonflée par le vent. Parfois aussi, unie comme un miroir, elle montre une surface luisante et vernissée, alors que, chez d'autres plantes, on la voit se crisper, se buller, les nervures devenir saillantes, et il vient à l'idée que la sève est trop abondante pour circuler dans les parties qu'elle doit nourrir.

Les fleurs des *Anthurium* revêtent les coloris les plus brillants. Depuis le blanc le plus pur jusqu'au rouge le plus foncé, on possède toutes les nuances intermédiaires du carné, du rose, du carmin, de l'écarlate, du pourpre, du rouge sang le plus intense, ainsi que des variétés dont la spathe est tachetée ou mouchetée d'une couleur différente, formant un agréable contraste. La beauté des fleurs d'*Anthurium* est égalée par leur durée, car il est peu de fleurs se conservant aussi longtemps; nous avons remarqué des spathes d'*A. carneum* et *ferrierense* durer plus de trois mois en bon état de fraîcheur.

Si l'on passe maintenant en revue les plantes à feuillage ornemental de la famille des Aroïdées, on est frappé tout d'abord de la diversité des formes qu'elles affectent, des brillantes couleurs dont elles sont parées, et, partant de là, des ressources nombreuses qu'elles offrent aussi bien pour la garniture des serres froides et des appartements pendant l'été que pour celle des serres chaudes et des serres tempérées. Les *Alocasia* sont des végétaux incomparables pour la beauté du feuillage, l'étrangeté ou l'ampleur des formes et la singularité du coloris; quelquefois, le limbe est énorme, comme chez l'*A. Thibautiana*, et sa surface plane, en forme de cœur, d'un beau vert foncé luisant, est sillonnée par des bordures blanc métallique encadrant les nervures; ajoutons à cela que la feuille se tient verticalement, évoquant l'idée d'un bouclier fantaisiste. Chez l'*A. metallica*, la teinte métallique est plus accentuée encore et fait penser à une feuille exécutée en vieux bronze, alors que l'*A. macrorhiza* contraste par un feuillage abondant et d'un vert gai, presque toujours panaché du tiers de sa surface de blanc pur; l'*A. Sanderiana* présente des feuilles dont les bords sont profondément sinués et bordés, ainsi que les nervures, du blanc qui orne l'*A. Thibautiana*; on croirait vraiment voir une plante artificielle créée de toutes pièces par un habile fleuriste.

Les *Anthurium* cultivés pour leur feuillage peuvent rivaliser quelquefois avec les plus beaux des *Alocasia* : l'*A. crystallinum*, aux feuilles amples, presque rondes, d'un vert foncé velouté; l'*A. Veitchi*, aux longues feuilles verticales aux nervures saillantes; l'*A. regale*, etc., n'ont pas d'égaux. Si l'on regarde les *Caladium* du Brésil, on est étonné de la disproportion qui existe entre la contexture des Aroïdées précitées et de celles-ci; autant le limbe des *Alocasia* et des *Anthurium* semble épais, coriace, autant celui des *Caladium* paraît léger, fragile.

La nature s'est plu à épuiser toutes les ressources de la panachure, de la bariolure et de la moucheture pour décorer ces limbes étonnants. Le blanc, le rose, le rouge, le jaunâtre et toutes leurs nuances sont représentées sur ces feuilles quelquefois unies ou tourmentées et cloquées, parfois même diaphanes, toujours belles. Les *Caladium* sont indispensables pour la décoration des serres vides pendant l'été; la facilité de leur culture et leur beauté spéciale en ont vite fait les favoris de la mode. Chaque amateur en cultive tant soit peu et ils ont encore l'avantage d'exiger peu de place en hiver.

D'autres genres sont encore cultivés pour la beauté de leur feuillage, et, sans pouvoir rivaliser avec ceux précités, n'en apportent pas moins leur part de décoration dans la serre chaude. Les *Curmeria*, les *Aglaonema*, les *Dieffenbachia*, les *Schismatoglottis* sont autant de genres différents et de plantes diverses qui ne devraient manquer dans aucun abri chaud. Les *Curmeria* peuvent très bien tenir compagnie aux *Bertolonia* et aux *Sonerila*; les *Dieffenbachia* et les *Homalonema* aux *Anthurium* et aux *Alocasia*; ce voisinage ne fera pas honte à ces derniers.

Là ne s'arrête pas encore l'énumération des plus belles Aroïdées cultivées, car il reste un groupe de plantes caulescentes, sarmenteuses et grimpantes, qui ont une présence obligée dans chaque serre. Quelques *Anthurium* peuvent s'élever à une certaine hauteur, et le groupe des *Philodendron* et des *Pothos* est remarquable par la diversité de ses formes bizarres. Le *Philodendron pertusum* des horticulteurs (*Tornelia flagrans*) est une plante géante, aux tiges grosses, charnues, grimpantes, aux grandes feuilles cordiformes, toutes découpées sur les bords, et dont le milieu est perforé de trous irréguliers qui paraissent avoir été faits par un emporte-pièce; cette tige peut atteindre une grande hauteur, et, de place en place, descendent de longues racines adventives qui viennent puiser de l'humidité dans le sol. Une plante plus curieuse encore est le *Pothos celatocaulis* : que l'on s'imagine des feuilles d'un beau vert sombre, plus grandes que la main et s'imbriquant l'une sur l'autre contre l'appui où grimpe la tige qui est entièrement cachée par elles; d'autres *Pothos*, d'une grande vigueur, forment des festons de verdure.

Le genre *Dieffenbachia* dote nos serres de plantes caulescentes, aux tiges droites et charnues, aux feuilles le plus souvent grandes, amples, de tous les tons du vert sur lequel s'étendent des macules blanches ou jaunâtres, irrégulières et jolies ; parfois le pétiole est lui-même coloré, mais sous ces dehors superbes se cache un poison violent. Enfin, le *Pistia Stratiotes* est une jolie petite plante aquatique, formant une élégante rosace de feuilles d'un vert clair; ces feuilles paraissent épaisses, mais sont, en réalité, remplies d'air qui sert à maintenir la plante sur l'eau où elle flotte librement.

Dans les serres chaudes, où notre science et notre art amassent des richesses et créent des merveilles, avec leur faciès exotique et particulier, les Aroïdées resteront toujours parmi les plus beaux végétaux qu'il soit donné à l'homme de contempler.

DESCRIPTION

ET

CULTURE DES AROÏDÉES EXOTIQUES

CLASSÉES PAR ORDRE ALPHABÉTIQUE

Aglaonema, Schott.

Le genre *Aglaonema*, de *aglaos*, brillant, et *nema*, filament, par allusion probable aux étamines brillantes, fondé par Schott, comprend environ dix espèces originaires des Indes tropicales et de l'archipel Malais.

Ce sont des plantes à tiges dressées, à feuilles oblongues, ayant leur gaine prolongée presque jusqu'au sommet du pétiole. Spathe blanchâtre, odorante, ouverte et finalement fermée ; spadice portant les organes des deux sexes sans discontinuité, avec des organes rudimentaires entremêlés aux ovaires, sans prolongement terminal stérile ; anthères très nombreuses, libres, sessiles, à 4 loges enfoncées dans un connectif en coin, qui s'élargit supérieurement en disque légèrement sinué, s'ouvrant par un pore au-dessous du sommet ; ovaires nombreux, libres, uniloculaires et contenant chacun un seul ovule basilaire ; stigmate largement discoïde, sessile. Baies monospermes.

ESPÈCES

Aglaonema acutispathum. Hong-Kong. 1885. —Feuilles de 15 à 20 centimètres de long sur 6 à 9 de large, elliptiques ovales, acuminées, légèrement obliques, arrondies à la base et à sommet rétréci en pointe, pétioles engainants. Serre tempérée.

A. commutatum. = *A. marantæfolium*. 1863. Iles Philippines. — Espèce atteignant environ 35 centimètres de hauteur, à feuilles vert foncé, ornées de macules grises.

A. Mannii. Montagnes de Victoria. 1868. — Tiges dressées, assez épaisses, feuilles elliptiques oblongues, d'un vert foncé.

A. marantæfolium. = *A. commutatum*.

A. nebulosum. N. E. Brown. Java. 1887.—Feuilles de 10 à 20 centimètres de long, sur 2 1/2 à 4 centimètres de large, oblongues ou obovales-oblongues, obliquement acuminées, cuspidées au sommet, obtuses à la base, vertes, irrégulièrement marquées de taches blanc verdâtre; pétioles engainants.

A. pictum. — Originaire de Bornéo, cette espèce a les feuilles elliptiques acuminées, d'un vert tendre, maculées de taches grises un peu anguleuses et placées irrégulièrement. Il en existe une variété naine:

A. pictum compactum. Hort. Bull. — Tiges très courtes, dressées, feuilles courtes, oblongues, acuminées, d'un vert foncé, légèrement maculées de gris; pétioles munis d'une bordure blanche membraneuse.

On trouve encore dans le commerce et dans les collections d'autres espèces d'*Aglaonema*, telles que l'*A. costata*, l'*A. Lavallei*, l'*A. versicolor*, etc.; mais toutes ces plantes diffèrent peu entre elles au point de vue de la beauté du feuillage, et offrent, en général, des macules grises ou argentées, de forme presque toujours irrégulière, et tranchant assez bien sur la couleur vert foncé du feuillage.

CULTURE DES AGLAONEMA

Ces végétaux offrent une tige presque toujours simple qui s'allonge assez vite et se dégarnit à la base, de sorte que la plante n'est belle que dans sa jeunesse et cultivée en touffe de plusieurs sujets. Nous les tenons dans la vitrine de la serre chaude, le plus près du vitrage, en compagnie de *Bertolonia*, *Sonerila*, *Higginsia*. Ils sont placés en terrines, dans le même sol que les *Anthurium*, et rempotés de la même façon. Des bassinages journaliers à l'eau de pluie leur sont utiles. En hiver on diminue les arrosements qui doivent être fréquents pendant la belle saison; en été on peut même leur donner un peu d'engrais liquide, comme de la bouse de vache, et dans les mêmes proportions que pour les autres Aroïdées. Nous renouvelons nos plantes tous les deux ans, au moyen du bouturage des rameaux; en mars les têtes des tiges sont coupées sous un nœud avec une longueur de 5 à 7 centimètres; puis piquées en godets à bouture, remplis de terre de bruyère sableuse que l'on place sous châssis, dans la serre à multiplication; l'enracinement s'opère avec rapidité et facilité.

Les tronçons peuvent servir comme ceux des *Dieffenbachia*. Lorsque les boutures sont bien reprises, on les rempote comme il est dit plus haut. Le semis de graines est très rarement employé; nous avons réussi en semant celles-ci comme des *Caladium*, avec cette différence que les graines, qui sont grosses, doivent être enterrées à peu près jusqu'à la moitié de leur épaisseur, puis on étend dessus une petite couche de sphagnum et comme elles exigent d'être semées *fraîches*, il faut surveiller attentivement le degré d'humidité où elles se trouvent placées afin d'éviter la pourriture des semences qui se produirait très facilement.

Il est bon de supprimer les fleurs des *Aglaonema* à mesure qu'elles apparaissent, car elles épuisent inutilement les plantes et ne sont d'aucun effet ornemental. C'est d'ailleurs là une règle générale pour toutes les Aroïdées cultivées au point de vue de la beauté du feuillage, à moins que l'on n'ait l'intention de les voir fructifier ou de s'en servir pour la fécondation artificielle et croisée.

Alocasia, Schott.

Le genre *Alocasia*, de *a* privatif, et *Colocasia*; genre voisin du *Colocasia*, a été fondé par Schott en 1832, et comprend environ vingt espèces originaires de l'Amérique tropicale et de l'archipel Malais, mais il existe aussi un certain nombre d'hybrides de toute beauté.

Ce sont des plantes tuberculeuses, paraissant acaules, mais quelquefois, comme chez l'*A. zebrina* le tubercule s'allonge et atteint jusqu'à 60 centimètres de hauteur; leurs feuilles sont souvent grandes, peltées, ayant leurs côtes et leurs veines en saillie sur les deux faces et élégamment panachées et marbrées, à limbe entier ou sinué.

Pédoncules à peu près solitaires, courts, engainés, portant une spathe en capuchon, glauque ou teintée, incurvée; spadice courtement pédonculé.

Les *Alocasia* sont de magnifiques plantes à feuillage décoratif, à feuilles généralement amples, parfois sinuées sur les bords, d'un aspect le plus souvent métallique et à nervures presque toujours entourées d'une bordure d'un blanc plus ou moins argenté, tranchant sur la couleur plus ou moins foncée de la feuille qui a des reflets chatoyants, et dont la page inférieure est presque toujours violette ou pourpre violacé. Quelques espèces, comme l'*A. macrorhiza* ont des feuilles d'un vert gai panaché de blanc, alors que d'autres, comme l'*A. Augustiana* et *zebrina* ont les pétioles des feuilles ornés de dessins hiéroglyphiques.

Des plantes aussi belles et diverses dans leurs formes, que les *Alocasia*, étaient bien faites pour tenter la science des semeurs et nous sommes heureux d'enregistrer le succès obtenu dans ce genre par MM. Chantrier frères, de Mortefontaine, qui ont obtenu la majeure partie des hybrides d'*Alocasia*. En 1883 ils obtiennent l'*A. Pucciana*, résultat d'une fécondation opérée entre l'*A. Putzeizii*, fécondé par le pollen de l'*A. Thibautiana*, mais cet hybride est obtenu en même temps chez M. le marquis Corsi, à Florence, Italie. En 1884 naît l'*A. Chantrieri*, qui a pour parents l'*A. metallica* et *Sanderiana*.

Ces deux plantes sont mises au commerce en 1887.

En 1888 vient l'*A. Bachi*, obtenu de l'*A. Reginæ* fécondé par l'*A. Lowi* et ressemblant à sa mère; en 1890 ils trouvent l'*A. Mortfontanensis*, hybride de l'*A. Lowi* fécondé par l'*A. Sanderiana*; en 1891 l'*A. argyræa* provient de l'*A. gigantea*, fécondé par l'*A. Pucciana*, et la même année encore est sorti l'*A. Rodigasiana* qui a comme parents l'*A. Thibau-*

tiana et *Reginæ*. Toutes ces plantes sont vigoureuses, généralement intermédiaires entre leurs parents et d'un effet ornemental de premier ordre. En 1892, ils mettent au commerce l'*A. M. Martin Cahuzac*, exposé en mai 1891, à l'Exposition d'Horticulture de Paris, et issu d'un croisement de l'*A. Thibautiana* et de l'*A. Pucciana.* Une fécondation heureuse leur a fait obtenir aussi l'*A. conspicua*, remarquable hybride provenant d'une fécondation de l'*Alocasia odora* ou *Caladium odorum* des jardiniers (*Colocasia odora*), par l'*A. Pucciana.*

Le grand mérite de cette obtention réside dans sa robusticité, et rien ne fait supposer qu'il soit plus délicat que sa mère, le *Colocasia odora;* ce serait donc une acquisition pour nos jardins pendant l'été.

Parmi les obtentions hybrides d'origine étrangère nous citerons l'*A. Chelsoni*, obtenu par MM. Veitch, célèbres horticulteurs à Chelsea, Londres, et provenant d'une fécondation de l'*A. metallica* (*A. cuprea*) par l'*A. macrorhiza* ; l'*A. Sedeni* obtenu par les mêmes de l'*A. cuprea*, fécondé par l'*A. Lowi*, l'*A. hybrida*, hybride entre l'*A. Lowi* et *cuprea*, l'*A. Luciani*, hybride de l'*A. Thibautiana*, fécondé par l'*A. Putzeizii*, l'*A. Kerchoveana*, hybride des *A. Putzeizii* et *Thibautiana*, etc.

Les résultats obtenus par l'hybridation dans ce genre sont très remarquables, et il y a lieu d'espérer que cette série ne s'arrêtera pas en si beau chemin.

Nous donnons ci-dessous la description des espèces d'*Alocasia* les plus généralement connues et cultivées, ainsi que celle des hybrides.

ESPÈCES

Alocasia alba. Hort. Java. 1854.

A. amabilis. = *A. longiloba*, Miquel.

A. Augustiana. Linden et Rodigas, 1886. — Remarquable surtout par son port; ses feuilles peltées et luisantes sont vertes, ses pétioles un peu rosés sont panachés de dessins hiéroglyphiques sur toute leur surface.

A. Boryana. Hort. Van-Houtte.

A. cucullata. Schott. Indes-Orientales. 1816.

A. cuprea. C. Koch. = *A. metallica.* = *A. indica.* Schott. = *Caladium metallicum.* Schott. Indes-Orientales. 1859. — Feuilles arrondies, peltées, longues de 50 centimètres et larges de 30 centimètres; la page supérieure est d'une belle teinte bronzée luisante, le dessous d'un pourpre foncé luisant. Espèce remarquable.

A. Dallei. — Feuilles atteignant 60 centimètres de longueur sur 40 centimètres de largeur, d'un beau vert clair à la page supérieure, ornées de fortes nervures grises qui sont très saillantes, la page inférieure est d'un vert foncé noirâtre, encadrée d'une bordure d'un blanc métallique.

A. eminens. N. E. Brown, Indes-Orientales. 1887. — Feuilles très grandes, d'environ 50 centimètres de longueur sur 25 centimètres de large, ovales sagittées, vert foncé en dessus et purpurines à la page inférieure; le pétiole, long de 1 mètre à 1m50, est marqué de bandes étroites et irrégulières vert noirâtre.

A. Gaulaini. Ed. André, 1890. — Plante sub-caulescente, très vigoureuse, feuilles peltées cordiformes, d'un vert très foncé, à nervures saillantes, éclairées de blanc, page inférieure d'un violet foncé. Port élégant.

A. Gibsoni.

A. gigantea. Hort. = *A. longiloba.* Miquel.

A. grandis. N. E. Brown. Indes-Orientales. 1886. — Feuilles longues de 50 à 60 centimètres, larges de 30 centimètres, ovales sagittées, ondulées, d'un vert foncé brillant à la page supérieure et d'un vert noirâtre taché de pourpre en dessous. Pétioles noirâtres, longs d'un mètre. Très ornemental.

A. guttata. Bornéo. 1879.

A. guttata imperialis. N. E. Brown. Bornéo. 1884. — Feuilles de 30 à 40 centimètres de longueur, sur 20 à 30 centimètres de largeur, d'un vert brillant recouvert d'une teinte blanchâtre, pas glauque ; la page inférieure est d'un vert plus pâle.

A. illustris. Indes. 1873. — Feuilles ovales sagittées, réfléchies, d'un beau vert, maculées de vert plus foncé.

A. Jenningsi. Hort. Veitch. Indes-Orientales. 1866. — Feuilles ovales cordiformes, peltées arrondies, réfléchies longues de 15 à 20 centimètres sur autant de diamètre, d'un vert noirâtre foncé, luisant, métallique. Nervures centrales et latérales bordées d'une teinte vert blanchâtre. Pétioles dressés et maculés ; espèce vigoureuse.

A. Johnstoni. Hort. = *Cyrtosperma Johnstoni.* N. E. Br.

A. Liervali. Hort. Iles Philippines. 1869. — Feuilles d'un vert tendre.

A. Lindeni. Rodigas. Papouasie. 1886. — Feuilles assez grandes, glabres, ovales, cordiformes, d'un vert sombre, vert pâle à la page inférieure, veines médianes et secondaires d'un blanc jaunâtre, pétioles blancs de 25 à 30 centimètres de long.

A. longiloba. Miquel. = *A. amabilis*, = *A. gigantea.* Java. Bornéo. 1864. — Feuilles hastées et sagittées, vertes, à nervures blanches. Ressemble beaucoup à l'*A. Putzeizii*, mais cette dernière espèce est moins belle.

A. Lowi. Hook. = *A. Veitchi.* Schott. Bornéo. 1862. — Feuilles peltées, peu sagittées, réfléchies, à page supérieure vert foncé avec les nervures principales d'un blanc d'ivoire; la page inférieure est d'un beau pourpre foncé.

A. macrorhiza. Schott. Polynésie. 1861.

A. macrorhiza variegata. Asie tropicale. Australie. Iles du Pacifique. — Plante très vigoureuse, feuilles grandes, presque cordées, d'un beau vert brillant, mouchetées et tachées de blanc; la panachure occupe quelquefois la moitié ou la totalité du limbe, ce qui produit un effet original. Espèce élégante et très décorative.

A. Margaritæ. Linden et Rodigas. Java. 1886. — Feuilles larges, obcordées peltées, un peu inclinées, luisantes, bullées entre les nervures principales, ce qui donne des reflets veloutés d'un bel effet; les nervures primaires sont d'un vert pâle à la page supérieure et brunâtres en dessous. Pétioles presque bruns.

A. marginata. Brésil. 1887. — Pétioles marqués de bandes d'un brun noirâtre en zigzag, feuilles cordiformes, d'un vert foncé sur la page supérieure et pourpres en dessous.

A. Marshalli. Indes. 1872. — Feuilles vertes, à bande centrale assez large, d'un blanc argenté.

A. metallica Schott. = *A. cuprea.*

A. navicularis. C. Koch et Bouchi. Indes. 1875.

A. Portei. Hort. = *Schizocasia Portei*. Schott. Iles Philippines. 1862. — Feuilles longues d'un mètre sur 40 centimètres de large, échancrées, d'un vert sombre métallique à la page supérieure, et d'un vert glauque à celle inférieure; pétioles vert pâle jaspés de brun.

A. princeps. Malaisie. 1888. — Feuilles sagittées, sinuées sur les bords, d'un vert foncé métallique plus accentué vers les nervures principales ; la page inférieure est d'un vert gris sur lequel tranchent les nervures saillantes qui sont brunes.

A. Putzeizii. N. E. Brown. Java. Sumatra. 1882. — Ressemble à l'*A. longiloba* ; feuilles d'un vert foncé à nervures principales bordées de blanc ainsi que le bord ; page inférieure purpurine.

A. Reginæ. N. E. Brown. Bornéo. 1884. — Feuilles ovales cordiformes, à bords ondulés, coriaces, vert foncé luisant à la page supérieure, purpurines en dessous, pétioles maculés de pourpre.

A. Regnieri. Linden et Rodigas. Siam. — Pétioles jaunâtres marqués de rose et de brun, feuilles vert foncé à la page supérieure, à côte médiane et veines saillantes et blanchâtres. Port élégant.

A. reversa. N. E. Brown. Iles Philippines. 1890. — Plante naine à feuilles ovales sagittées, d'un vert grisâtre à nervures primaires largement bordées de vert foncé.

A. Sanderiana. W. Bull. Archipel oriental. 1884. — Feuilles en forme de lance, d'un beau vert glacé, prenant des teintes bleuâtres métalliques avec l'âge; elles sont profondément dentelées sur les bords qui sont garnis de blanc pur, ainsi que les nervures qui sont un peu jaunâtres. Un des plus beaux *Alocasia*.

A. Sanderiana Gandavensis. Hort. — Belle variété dont les feuilles ont un reflet de pourpre sur tout le limbe et de vermillon le long des nervures.

A. scabriuscula. Bornéo. 1878. — Feuilles très grandes, atteignant plus de 60 centimètres de longueur, étalées, sagittées, d'un vert foncé, plus pâle en dessous. Plante majestueuse par ses dimensions.

A. sinuata. Iles Philippines. 1885. — Feuilles sagittées et sinuées sur les bords, vert foncé, page inférieure plus claire.

A. Thibautiana. Mast. Bornéo. 1878. —Espèce très remarquable, à feuilles très grandes, cordiformes, se tenant presque obliquement, d'un beau vert tout veiné d'argent et de gris ; la page inférieure est purpurine. Regardé comme la plus belle des espèces autant par l'ampleur que par la beauté du feuillage.

A. Van Houttei. — Feuilles énormes pouvant atteindre plus d'un mètre de longueur sur 80 centimètres de largeur, vert clair à nervures bordées de blanc argenté.

A. variegata. Indes. 1854. — Pétioles panachés de violet.

A. Villeneuvei. L. Linden et Rodigas. 1886. Brésil. — Voisin de l'*A. longiloba.* Feuilles inégales de forme, pétioles maculés de brun.

Alocasia Watsoniana. — Larges feuilles ovales, argentées, à veines vertes; la page inférieure est d'un riche pourpre violet.

A. zebrina. Ch. Koch et Veitch. Iles Philippines. 1862. — Tige presque caulescente, feuilles dressées, d'un vert foncé, sagittées ; toute la beauté de cette espèce réside dans les pétioles qui sont vert pâle, élégamment zébrés de vert brun en zigzag.

HYBRIDES

A. argyræa. Hyb. de l'*A. gigantea* et de l'*A. Pucciana.* — Les feuilles sont longues d'environ 70 centimètres et larges de 35 ; la page supérieure est d'un beau blanc ombré de vert clair, les nervures sont vert clair bordé blanc, la page inférieure est de couleur pourpre luisante.

A. Bachi. Hort. Chantrier. 1888. Hybride de l'*A. Reginæ* fécondé par l'*A. Lowii.* — Charmante plante très décorative, ayant quelque ressemblance avec l'*A. Reginæ.* Feuilles avec un reflet bleu métallique, veinées, à côte médiane blanc crème.

A. Chantrieri. 1887. Bel Hybride des *A. metallica* et *Sanderiana*, obtenu par MM. Chantrier frères de Mortefontaine (Oise). — Feuilles longues de 35 centimètres et larges de 12, se présentant presque verticalement à la vue, oblongues sagittées, et rappelant bien les deux parents; les nervures sont entourées d'une bordure blanchâtre tranchant bien sur le ton vert olive foncé et à reflets chatoyants du reste de la feuille. La page inférieure est violet foncé.

A. Chelsoni. Veitch. Hybride de l'*A. metallica*, fécondé par l'*A. macrorhiza.* — Feuilles grandes d'un vert foncé métallique, avec la page inférieure pourpre comme chez l'*A. metallica* (*A. cuprea de C. Koch*).

A. conspicua. Ed. André. Hybride de l'*A. odora*, fécondé par l'*A. Pucciana. Nous extrayons ce qui suit de la* Revue Horticole *du* 16 *avril* 1891 :

« Tronc non encore développé, mais indiqué par un caudex déjà fort. Pétioles à base très largement empâtée, de la grosseur du poignet au-dessus de la gaine, longs de 1 mètre et plus, cylindriques, d'un vert olive foncé au sommet; limbe dressé triangulaire, hasté, brièvement acuminé, à bords entiers

Fig. 1. — Alocasia Chantrieri.

amincis, ondulés, à lobes postérieurs très grands, très ouverts, à vaste sinus triangulaire, ouvert jusqu'au pétiole, nervures principales de 9 à 10 centimètres de chaque côté, très fortes, saillantes, méplates en dessus, d'un ton vert argenté, luisant comme les nervules anastomosées et la bordure extérieure; couleur générale vert très foncé, bronzé; page inférieure violet bronzé, luisant, sur lequel se détachent des nervures très saillantes, plus petites qu'en dessus, arrondies et vertes. Cette belle plante inédite est le résultat d'une fécondation de l'*Alocasia odora Schott* (*Alocasia odora Brongt*) par l'*A. Pucciana*. Cette dernière plante, obtenue chez M. le marquis Corsi, à Florence, fut trouvée en même temps dans un semis chez MM. Chantrier. Elle s'est donc répandue rapidement, venant de ces deux sources distinctes.

Le nouveau produit dont nous parlons est certainement destiné à prendre une grande faveur, il paraît si robuste qu'il poura être essayé en plein air l'été. Rien ne fait supposer qu'il soit plus délicat que le pied mère qui est l'*Alocasia odora*, connu de tous nos jardiniers sous le nom de *Caladium odorum*. Les belles feuilles de l'*A. conspicua*, répandues dans un jardin, sembleraient des boucliers de bronze antique de l'effet le plus ornemental. »

A. hybrida. Hort. Hybride entre les *A. Lowi* et *cuprea*. — Feuilles elliptiques, à pointe courtement acuminée, d'un vert olive à la page supérieure, à nervures fortes bordées de blanc d'ivoire, et à page inférieure pourpre.

A. intermedia. Hybride de l'*A. Veitchi*, fécondé par l'*A. longiloba*. — Feuilles grandes sagittées, atteignant jusqu'à 1 mètre de longueur, et de même coloris que celles de l'*A. Veitchi*.

Alocasia Kerchoveana. Hybride des *A. Putzeizii* et

Thibautiana. — Feuilles grandes, d'un vert foncé glacé, toutes parcourues de nervures d'un blanc d'argent qui forment un élégant réseau ; le dessous des feuilles est pourpre vineux.

A. Leopoldi. Nouveauté à feuillage dentelé comme celui de l'*A. Sanderiana*, d'un beau vert gai avec des nervures blanchâtres. Les pétioles sont marbrés de vert. (*Catalogue V. Houtt.* 1896.)

A. Luciani. Pucci. 1885. Hybride de l'*Alocasia Thibautiana*, fécondé par l'*A. Putzeizii.* — Feuilles très grandes, peltées, d'un beau vert foncé luisant, sillonnées par les veines saillantes et bordées de blanc grisâtre ; la page inférieure est rouge pourpre. Pétioles longs, vert pâle, maculés de brun.

A. M. Martin Cahuzac. Ed. André. Hybride de l'*A. Thibautiana*, fécondé par l'*A. Pucciana*, obtenu par MM. Chantrier frères. Nous extrayons ce qui suit de leur catalogue :

« Hybride obtenu par le croisement de l'*A. Thibautiana* et *A. Pucciana*, a été fort remarqué par tous les amateurs de ce beau genre à l'Exposition de Paris mai 1891, où nous l'exposions pour la première fois. Cette splendide variété, très robuste, a un pétiole charnu, lisse, cylindracé, de couleur purpurine pâle, marqué de zones irrégulières et ondulées, d'une teinte rouge sombre ; au sommet, ces macules disparaissent complètement. Le limbe de la feuille est pelté, ovale sagitté ; il mesure en longueur 55 centimètres et en largeur 30. La page supérieure qui est gaufrée est de couleur vert foncé, la côte médiane et les nervures primaires sont proéminentes, entourées de blanc et sont elles-mêmes d'un blanc argenté brillant. Les veines d'un blanc pur, également entourées d'une zone blanc argenté, forment un réseau d'un charmant aspect. Tout le limbe est marginé de blanc et de rose foncé brillant; la page inférieure de couleur purpurine uniforme est luisante. »

Alocasia Mortfontanensis. Ed. André. Hybride de l'*A. Lowi*, fécondé par l'*A. Sanderiana* obtenu par MM. Chantrier. *Nous extrayons la description suivante de la* Revue Horticole *du* 16 *avril* 1891 :

« Plante robuste, à feuilles portées sur des pétioles dressés, cylindriques, fins, vert olive foncé teinté de rougeâtre et annelé plus sombre, longs de 50 à 60 centimètres; limbe pelté, inséré à angle droit sur le pétiole, long de 60 centimètres et plus, large de 28, oblong, sagitté, à lobes postérieurs dolabriformes, à bords grossièrement lobés, dentés; lobes saillant dans le prolongement des nervures principales, qui sont au nombre de huit, et insérées à des angles le plus souvent droits ou même plus ouverts du pétiole jusqu'au sommet, obliques sur les lobes postérieurs, entourées d'une zone étroite, nettement dessinée, blanc argenté ainsi qu'au bord du limbe ; nervures fines, blanches, anastomosées sur la couleur du fond, qui est d'un vert très foncé, luisant. Page inférieure violet foncé uniforme, montrant des nervures peu saillantes, accompagnées, à leur intersection avec la côte médiane, de grosses lentilles arrondies d'un vert pâle. »

A. Pucciana. Ed. André. 1885. Hybride obtenu par la fécondation de l'*A. Putzeizii* avec le pollen de l'*A. Thibautiana*. Origine italienne. — Pétioles pourpres, marqués de zones plus foncées, feuilles peltées, ovales sagittées, longues d'environ 45 centimètres et larges de 35, vert foncé ; les nervures principales sont saillantes, blanc d'argent et entourées elles-mêmes de blanc; les veines sont blanc pur et bordées de blanc argenté, la page inférieure est purpurine et luisante.

A. Rodigasiana. E. André. Hybride l'*A. Thibautiana* fécondé par l'*A. Reginæ. Nous empruntons la description qui suit à la* Revue Horticole *du* 16 *avril* 1891 :

« Plante extrêmement vigoureuse. Pétioles dressés, très robustes, cylindriques, vert olive foncé en dessus avec lenticelles de points obscurs d'un violet brillant en dessous, de même que sur toute la face inférieure du limbe, qui est long de 70 à 80 centimètres, et large de 45 à 50 centimètres; ce limbe est ovale, plein au milieu, creusé en gouttière entre les nervures et vers le bord ondulé; les dix nervures principales, de chaque côté, sont larges, saillantes, arrondies, d'un vert argenté luisant et entourées d'une zone de même nuance; le ton de fond est vert foncé brillant, parcouru par de fines nervures pâles; le sinus basilaire est étroit, ouvert depuis le pétiole et un peu arrondi au sommet. »

A. Sedeni. Hort. Veitch. 1869. Hybride de l'*A. cuprea*, fécondé par l'*A. Lowi.* — Plante vigoureuse; feuilles presque réfléchies, ovales-lancéolées, acuminées à la base, d'une belle teinte métallique bronzée, nervures d'un blanc d'ivoire.

CULTURE DES ALOCASIA

Epoque et mise en végétation des tubercules. — Si l'on a suivi les indications mentionnées dans l'article relatif au repos des *Alocasia*, on possédera, vers le mois de mars, des tubercules bien sains pourvus encore d'un peu de végétation.

Les tubercules d'*Alocasia* sont dépotés de leur ancienne terre, nettoyés et débarrassés des vieilles enveloppes et des racines mortes ; s'il existe des plaies, elles sont recouvertes de charbon de bois pulvérisé.

Lorsqu'il s'est produit, pendant la végétation antérieure, des tubercules latéraux ou des bourgeons qui se sont développés, ceux-ci serviront à la multiplication de l'espèce et seront séparés de leur mère.

Les tubercules, nettoyés et arrangés comme il est dit plus haut, sont empotés en pots variant suivant leur grosseur, et, en principe, plutôt petits que grands. A cet effet, on prépare des pots ou, préférablement, des terrines (pots aussi larges que hauts) offrant un diamètre de 10 à 12 centimètres ; ces récipients sont garnis d'un lit de tessons propres, haut d'environ 2 centimètres. Sur ces tessons est étendue une couche de un centimètre environ de sphagnum vivant ou de racines de Polypode qui a pour but d'empêcher le passage de la terre dans les interstices laissés par les tessons.

Les tubercules sont placés au milieu et sont empotés dans un compost formé de deux tiers de terre de bruyère fibreuse, en mottes grossières, à laquelle on aura ajouté un tiers de sphagnum vivant haché menu et mêlé environ la valeur d'un cinquième de charbon réduit en petits morceaux, la surface du pot sera bombée de façon à atteindre à peu près le niveau du collet du tubercule. Une fois empotés, les *Alocasia* sont enterrés dans la bâche de la serre à multiplication, qui doit leur procurer une chaleur de fond de 25 à 30°, puis recouverts de châssis ou de cloches.

Un bassinage léger est donné à la seringue après l'empotage. Les cloches ou châssis sont essuyés chaque matin à l'éponge, afin d'éviter la tombée de la buée sur les plantes. La végétation ne tarde pas à se manifester et les racines à apparaître plus ou moins nombreuses autour des parois des pots, les arrosements doivent devenir plus abondants et plus copieux à mesure que la végétation s'accélère.

Lorsque l'on voit que les tubercules sont bien *partis*, comme nous disons en argot de métier, on peut les sortir à l'air libre de la serre chaude, qui doit avoir une température variant de 22 à 26° centigrades.

Il faut avoir soin de placer les jeunes plantes le plus près possible du vitrage.

Sitôt que l'on s'aperçoit que les racines des *Alocasia* commencent à tourner autour des pots ou des terrines dans lesquels on les a mis en végétation, il faut songer à donner un rempotage, nécessaire à la bonne végétation des plantes et variable suivant leur force et leur vigueur spécifique.

Certains cultivateurs mettent leurs *Alocasia* en végétation, à plein sol, dans la bâche de serre à multiplication, dans un compost de terre fibreuse mélangée à un peu de sphagnum et placé à la chaleur de fond; ils empotent ensuite les plantes lorsque leur végétation est bien développée et qu'elles ont une ou deux feuilles.

Compost et rempotage. — Il est une règle générale pour les Aroïdées, c'est que leurs racines ne s'enfoncent jamais profondément dans la terre, mais au contraire préfèrent les parois et la surface des pots dans lesquels elles sont cultivées.

Il faut donc leur procurer, dans les récipients où elles sont tenues, cette faculté d'étendre leurs racines horizontalement, ce qui fait que nous employons des pots ou terrines plus larges que hauts, qui nous procurent à peu près le *desiderata* nécessaire. Les récipients doivent être proportionnés à la force des tubercules et à l'intention que l'on a de les cultiver, soit isolément, soit en touffes de plusieurs. Un seul tubercule vigoureux peut demander un pot d'environ 18 à 25 centimètres de diamètre, alors qu'une touffe de 3 à 4 plantes exigera une terrine de 25 à 40 centimètres de large.

Le rempotage des *Alocasia* demande quelques soins d'où dépend en grande partie la réussite de la culture.

Les vases choisis pour le rempotage doivent être propres ; le fond en est garni d'un lit de 3 à 6 centimètres d'épaisseur de tessons de pots lavés et placés de telle façon que les plus gros se trouvent en dessous, et les plus petits mis de telle manière qu'ils bouchent le mieux possible les trous qui livreraient passage à la terre du pot et intercepteraient alors l'écoulement régulier et nécessaire de l'eau des arrosements. Une fois le drainage établi, on étend sur toute sa surface une couche de 1 à 2 centimètres de sphagnum vivant, de racines de fougères ou de déchets de terre de bruyère (racines, brindilles, vieilles souches, qui ont l'avantage d'obstruer complètement les vides qui pourraient exister.

Les *Alocasia* sont alors rempotés en leur temps dans le compost qui suit :

Deux tiers de terre de bruyère en mottes grossièrement concassées (*voir l'article sur les terres de bruyère*) ;

Un tiers de sphagnum vivant, auxquels on ajoute environ la valeur d'un cinquième de charbon de bois en menus morceaux; le tout bien mélangé de façon à former un compost le plus homogène possible.

On dépote les plantes élevées dans leur premier pot, en traitant les racines avec beaucoup d'égards.

Le rempotage s'opère en garnissant la jeune motte de morceaux de terre de bruyère fibreuse, mêlée au sphagnum et au charbon de bois cités plus haut; ce rempotage ne doit pas être trop serré, et, lorsqu'il est terminé, affecter une forme bombée vers le milieu. On recouvre toute la surface d'une couche de sphagnum vivant, qui a pour but d'entretenir l'humidité et de favoriser la végétation.

Arrosements, Engrais, Bassinages, Chaleur, Lumière, Humidité. — Les *Alocasia* aiment et demandent beaucoup d'humidité pendant leur saison végétative, qui commence en mars pour finir en octobre. On doit non seulement les arroser fréquemment plutôt qu'abondamment, mais aussi leur fournir une atmosphère humidifiée. Cette humidité, qui leur est aussi nécessaire qu'aux *Anthurium*, *Dieffenbachia Pothos*, etc., doit leur être fournie par une grande quantité d'eau jetée sur toutes les surfaces d'évaporation de la serre : bâche, murs, sentiers, tuyaux de chauffage; les tuyaux de chauffage servent à produire la buée qui est indispensable pour rendre moins aride l'air ambiant pendant les mois où l'on est obligé d'avoir essentiellement recours au chauffage artificiel pour obtenir le degré de chaleur que demandent les plantes.

Comme pour tous les végétaux, il faut arroser modérément, avant qu'une plante ne soit *établie* dans son pot. L'eau des arrosements doit être à la température de la serre, et, si l'on peut employer de l'eau de pluie, on ne s'en trouvera que mieux.

Les plantes rempotées et bien prises dans leurs terrines, peuvent supporter un peu d'engrais dont l'influence se manifestera sur les feuilles, qu'il aide à amplifier. Celui-ci doit être donné au moment où l'on voit que les *Alocasia* sont bien *partis*, c'est-à-dire quand les nouvelles feuilles commencent à se montrer. Nous employons exclusivement de la bouse de vache délayée dans de l'eau. Cet engrais a le grand avantage de ne pas brûler les plantes sur lesquelles on l'applique. D'abord faible, c'est-à-dire un litre de bouse de vache délayé dans 10 litres d'eau, il est progressivement rendu plus actif, jusqu'à concurrence de 1 litre pour 5 litres d'eau.

Il est administré deux fois par semaine, et jamais lorsque la plante a soif; dans ce cas, on mouille d'abord à l'eau ordinaire, puis on applique l'engrais. Lorsqu'on voit que la plante est arrivée à son maximum de végétation, et qu'il ne se développera plus de nouvelles feuilles pendant l'année, on peut cesser l'arrosage à l'engrais progressivement, pour le terminer environ vers le mois de septembre.

Les bassinages sont bienfaisants et utiles aux *Alocasia*. Ils doivent être plus abondants en été qu'au printemps et en automne, et plus nombreux les jours où il fait beaucoup de soleil.

Bienfaisants en ce que, pratiqués avec discernement, ils aident à donner aux feuilles, concurremment avec la chaleur, une plus grande expansion, surtout donnés pendant la jeunesse de celles-ci. Ils sont utiles parce que, administrés journellement, ils préviennent l'invasion de l'*araignée rouge*, qui cause tant de dégâts dans les serres chaudes trop sèches.

Il ne faut jamais bassiner vers la soirée, car, si le soleil n'avait plus le temps de faire évaporer l'eau restée sur les feuilles, il pourrait se produire des taches noires causées par l'abaissement de la température pendant la nuit qui refroidirait l'eau. Le degré de chaleur que réclament les *Alocasia* doit être surtout soutenu pendant la période végétative des plantes. Celles-ci craignent beaucoup les changements brusques de température, et surtout l'abaissement nocturne de celle-ci. Nous les cultivons généralement dans notre serre à multiplication dont le thermomètre marque le plus régulièrement possible 25 à 27° centigrades le jour, et 20 à 22° la nuit, depuis mars jusqu'en octobre.

Il faut éviter les courants d'air et n'aérer que vers le milieu des journées ensoleillées. L'humidité atmosphérique doit être continue, et provoquée par tous les moyens possibles ; on doit mouiller abondamment la surface de la bâche laissée libre entre les pots des plantes, arroser les sentiers de la serre et les murs au moins deux fois par jour. En hiver, on provoquera la buée comme il est dit plus haut.

Les *Alocasia* aiment la lumière, qui donne de la force aux coloris de leurs feuilles, et augmente l'intensité de leurs teintes vertes ou métalliques. Nous adoptons, comme pour toutes nos Aroïdées, l'emploi de claies à jour, qui ne sont déroulées sur la serre que lorsque le soleil a trop de force pour les plantes, de 8 h. 1/2 du matin à 4 heures du soir pendant les journées ensoleillées. Si la serre a deux versants, les claies sont remontées sitôt que le soleil n'a plus de force d'un côté. Inutile de dire que les claies ne sont pas descendues les jours où le soleil ne luit pas.

Avant de terminer cet article sur la culture de ces

plantes, nous voulons rappeler quelques observations générales qu'il nous a été donné de faire. Nous nous sommes aperçu que les Aroïdées, en général, n'aiment pas avoir leurs pots enfoncés dans la tannée ou autre matière quelconque; il vaut mieux tenir les pots à nu sur la bâche, la surface poreuse des récipients est ainsi exposée à l'air, dont les racines de ces plantes semblent rechercher le contact.

La culture des *Alocasia* en pleine terre dans la serre ne peut être employée que pour quelques espèces très vigoureuses ou peu délicates. A cet effet, on établit un fort drainage sur le sol de la bâche ; la terre employée est encore plus grossièrement concassée et les arrosages doivent naturellement être moins fréquents que ceux donnés aux plantes cultivées en pots.

Quoique paraissant à la vue d'une forte texture, le parenchyme des feuilles d'*Alocasia* est très délicat, et si l'on se trouve dans l'obligation de laver des feuilles atteintes d'araignée rouge, on devra le faire avec précaution, au moyen d'une éponge douce trempée dans une solution nicotinée à un dixième.

Il vaut mieux répéter le lavage plusieurs fois, afin de pouvoir enlever les taches existantes; celles-ci se trouvent surtout sur la page inférieure, et près des nervures et de l'insertion du pétiole.

La cochenille s'y met aussi quelquefois, mais il est plus facile de s'en débarrasser. En tout cas le meilleur remède préventif est de tenir l'air de la serre très humide, et de donner beaucoup de bassinages.

Si la serre est à un seul versant, ou que les plantes se trouvent placées sur le côté d'un gradin, il faut prendre soin de les tourner de temps en temps, afin qu'elles ne prennent pas de *face*, ce qui les enlaidirait beaucoup; il faut aussi prendre beaucoup de soin des feuilles qui commencent à se développer, éviter d'y toucher, et les préserver de tout contact avec les feuilles environnantes, de façon qu'elles puissent se développer librement.

Repos des tubercules. — Comme la nature procure aux *Alocasia* une saison de repos nettement accusée dans leur pays d'origine, il est juste, afin d'éviter l'épuisement des plantes, de leur en donner une équivalente dans nos serres. Dans les pays chauds, ces Aroïdées se reposent pendant la saison de sécheresse, qui dure environ 5 à 6 mois, et se trouve remplacée par la saison des pluies, qui est la période de végétation de ces plantes.

A partir du mois d'octobre, il faut diminuer progressivement les arrosements, pour arriver à un minimum, qui, sans arrêter complètement la végétation, procure néanmoins un bon repos.

Nous insistons particulièrement sur cette question de ne pas cesser *tout arrosement*, car il nous a été prouvé par l'expérience qu'un repos trop radical est préjudiciable aux *Alocasia*: voilà pourquoi nous conseillons d'arroser légèrement, et environ une fois par semaine, les pots de ces *Aroïdées*.

Les feuilles jaunies et vieilles sont coupées, celles qui restent attachées ensemble à un tuteur, et les pots placés sur la bâche entre, ou préférablement sous le couvert du feuillage des autres plantes de serre chaude. On fait bien de visiter de temps à autre les *Alocasia* pour y enlever les feuilles flétries; la coupe du pétiole résultant des feuilles supprimées doit être recouverte de charbon de bois pulvérisé, enfin si l'on aperçoit un commencement de pourriture sur le tubercule, on met la partie affectée au vif, puis on recouvre la plaie de poussière de charbon de bois, après nettoyage complet. Si l'on a suivi ces indications, on possède, au commencement de mars, des plantes où la végétation, sans s'être interrompue, s'est maintenue dans un état stationnaire dont les *Alocasia* se trouvent beaucoup mieux pour être remis pousser à cette époque.

Multiplication des Alocasia. — On multiplie les *Alocasia* par le bouturage des bourgeons latéraux et le semis.

Ces plantes sont des *Aroïdées* tuberculeuses, à tubercule garni de cicatrices laissées par la trace des anciennes feuilles, et s'allongeant avec l'âge, et chez quelques espèces prenant la forme d'une tige. Au-dessus de chaque cicatrice peut se développer un bourgeon. Ces bourgeons se montrent quelquefois naturellement à la base des tubercules et dans la partie enterrée, ou bien on provoque artificiellement leur sortie en supprimant l'œil principal, avec une portion de tubercule qui formera une bouture. La section de la coupe doit être recouverte de poussière de charbon, renouvelée s'il le faut, afin d'éviter la pourriture du tubercule qui est souvent à craindre. Cette opération se pratique au printemps, à l'époque de la mise en végétation des plantes.

Les tubercules multiplicateurs sont empotés, comme il est dit plus haut (*voir cet article*) et placés sous châssis ou sous cloche dans la serre à multiplication, le plus près de la lumière possible. La sortie des bourgeons est variable, et plus ou moins lente ou facile, mais en tout cas les plantes sont rempotées à leur temps, et soignées comme les autres, en restant cependant dans la serre à multiplication et à la chaleur de fond. Lorsque les bourgeons latéraux sont assez développés et qu'ils possèdent une feuille ou deux, on procède à leur bouturage ; avec un canif bien affilé, on enlève dextrement chaque œil, en ayant soin de laisser à la base un *talon*, c'est-à-dire une petite portion du tubercule d'où partiront les racines. Ces bourgeons sont piqués en petits godets remplis de terre de bruyère très sableuse (deux tiers de sable) et placés ensuite dans la vitrine de la serre ou sous châssis, si les feuilles ne sont pas trop longues. On doit leur donner là une chaleur de fond de 27° à 30° centigrades. Un bassinage léger fixe le bourgeon dans le sol, et les feuilles sont attachées à un petit tuteur.

On bassine suivant le besoin, mais il faut éviter l'excès d'humidité. L'enracinement est rapide (3 à 5 semaines) et sitôt qu'il en est besoin, on donne un premier rempotage aux jeunes plantes dans une terrine de 10 à 12 centimètres de diamètre.

Nous avons bouturé quelquefois des bourgeons d'*Alocasia* dans le gravier, les cendres, sans avoir vu de différence appréciable, quant à la réussite. Si les jeunes plantes n'ont pas formé de tubercule assez fort pour supporter le repos hivernal en entier, on se trouve obligé de les laisser en végétation pendant presque toute l'année.

Quelquefois il se développe naturellement, pendant la végétation des *Alocasia* un ou plusieurs bourgeons à la base des tubercules ; lorsqu'ils sont assez forts, on les sépare de leur mère comme il est dit plus haut, et ils sont traités comme les autres. Enfin, si par accident, un *Alocasia* perd l'œil principal et forme plusieurs têtes, celles-ci peuvent être sectionnées au printemps, car ces plantes, pour avoir de belles feuilles, ne doivent posséder qu'un bourgeon central développé.

Le semis des graines n'est guère usité que par des spécialistes qui cherchent à obtenir par la fécondation artificielle de nouvelles variétés ou hybrides.

Il se pratique comme il est expliqué pour les *Caladium* (voir cet article).

Amorphophallus, Blume.

Le genre *Amorphophallus*, de *amorphos*, difforme, et *phallus*, membre, par allusion à la forme repoussante de l'inflorescence, fondé par Blume, renferme environ vingt-cinq espèces originaires de l'Asie et de l'Afrique tropicale, de l'archipel Malais et des îles de l'océan Pacifique. Ce genre comprend : les *Brachyspatha*, Schott ; *Conophallus*, Schott ; *Corynophallus*, Schott ; *Hydrosme*, Schott ; *Proteinophallus*, Hook f. ; *Tapeinophallus*, H. Bn.

Ce sont des plantes vivaces à tubercules charnus, à feuilles presque solitaires, décomposées, bipinnatifides, se développant tard. Hampe radicale courte, portant une spathe convolutée inférieurement et plane, étalée à la partie supérieure ; spadice portant dans le bas les organes des deux sexes, sans interruption entre les deux, terminé par un long prolongement lisse ; anthères distinctes, munies d'un filet très court ; ovaires nombreux, style distinct ou nul, stigmate de forme variable; baies distinctes à graines solitaires ou peu nombreuses.

ESPÈCES

Amorphophallus Afzelli. = *Corynophallus Afzelli.* Afrique tropicale. 1893. — Feuilles à pétioles grêles de 30 à 60 centimètres de hauteur, à limbe divisé en trois parties à leur tour tripartites, rarement bipartites; chaque segment est encore pennatiséqué et les dernières divisions sont de dimensions variables.

Il existe la variété *elegans* à segments très étroits et plus pendants que ceux des autres variétés, à pétioles verts, unicolores; la variété *latifolia* à segments plus larges et moins divisés ; la variété *spectabilis* dont la tige est marquée inférieurement de taches foncées.

A. campanulatus. Blume. Asie tropicale, île de la Sonde, Ceylan. — Tubercule atteignant la grosseur de la tête; feuilles très grandes, mesurant jusqu'à 1 mètre de longueur, pétioles verruqueux, rudes au toucher. La feuille est partagée en trois segments divergents, divisés chacun en deux lobes pinnatifidés, spathe en cloche, longue de 30 centimètres et plus, d'un jaune verdâtre avec des ponctuations brunes et blanches, spadice réfléchi au sommet et dépassant la spathe.

A. Eichleri. Hook f. Afrique occidentale tropicale. 1889. — Feuille solitaire, verte, très divisée; spathe en coupe de 5 centimètres de diamètre, pourpre et blanc; spadice de 15 centimètres, en forme de massue.

A. grandis. Java. 1865.

A. Lacouri. Linden et André. = *Pseudodracontium Lacouri*, N. E. Brown serait le nom correct. Région chaude de la Cochinchine. 1878. — Feuilles pédatiséquées, à derniers segments lancéolées, maculés de jaune, à pétioles tranversalement bigarrés de jaune.

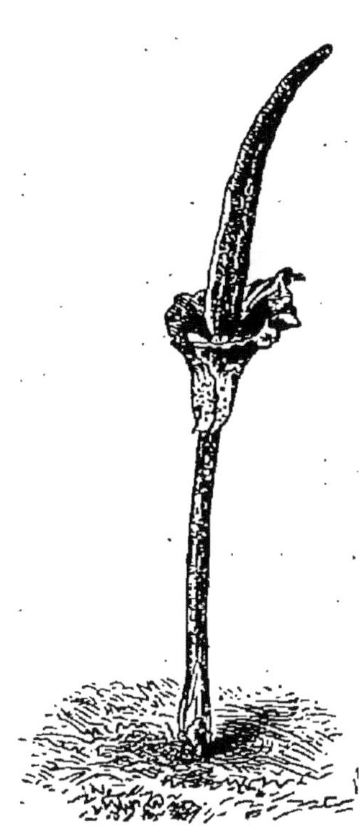

Fig. 2.
Amorphophallus Rivieri.

Espèce remarquable par son port élégant et le contraste formé par ses macules jaunes sur le fond vert foncé du feuillage et sur les pétioles. Est regardée comme la plus belle espèce du genre.

A. Leopardianus. = *Hydrosme Leopardiana*. Congo. 1887. — Pétioles d'environ 60 centimètres de hauteur, ponctués; feuilles étalées horizontalement, de 75 centimètres à 1 mètre de diamètre, palmatiséquées, à divisions biséquées, dont les segments sont oblongs, lancéolés, irrégulièrement divisés.

A. nivosus. = *Dracontium asperum.* = *D. elatum.* Mart. Brésil. 1865. Feuille généralement unique, pédatiséquée à 3-5 divisions pinnatifides et à derniers segments oblongs lancéolés acuminés, étalée horizontalement, portée par un pétiole de 1 m. 50 à 2 mètres de haut, tachée de macules purpurines sur fond blanc ou de bandes ondulées.

A. Rivieri. D. R. =*Proteinophallus Rivieri.* J. D. Hook. Cochinchine, Japon. 1869. — Tubercule pouvant atteindre un poids de 3 à 4 kilogrammes, arrondi, déprimé sur les deux pôles, creusé au milieu du sommet d'une cavité de laquelle sort le bourgeon unique, qui se développe en tige et en feuilles.

Le pétiole (tige) est rugueux, cylindrique, d'un gris argenté, moucheté de taches plus foncées et s'élève, suivant la force des tubercules, de 40 centimètres à 1 m. 50. La feuille est très divisée, d'un

Fig. 3. — Amorphophallus Rivieri (feuillage).

vert livide, glabre, s'étale en parapluie et peut atteindre plus d'un mètre de diamètre. La fleur, qui paraît avant la feuille, affecte la forme d'un cornet ; elle est d'un brun foncé à l'intérieur, alors que l'extérieur est marbré et moucheté comme le pétiole; le spadice est brun et beaucoup plus grand que la spathe; l'ensemble exhale une odeur de viande corrompue qui attire les mouches. On se trouve bien de supprimer ces fleurs.

A. Teutzii. = *Hydrosme Teutzii.* Afrique tropicale occidentale. 1884. — Feuille solitaire, tripartite, à divisions rameuses, bipinnatifides, dont les derniers segments sont linéaires, lancéolés.

A. Titanum. Beccari. = *Conophallus Titanum.* Beccari. Sumatra occidental. 1873. — Feuilles à limbe très divisé mesurant environ 8 à 10 mètres de circonférence ; hampe d'environ 45 centimètres de hauteur, marbrées de taches blanchâtres, portant une inflorescence dont le spadice a 1 m. 50 de haut ; spathe de 1 mètre de diamètre, en forme de cloche dressée, à bords renversés, pourpre noirâtre brillant à l'intérieur, sauf la base qui est verdâtre, vert pâle à l'extérieur, lisse à la base, mais fortement plissée, chagrinée au sommet.

Cette plante, extraordinaire par ses gigantesques proportions, a fleuri à Kew en 1890.

A. variabilis. = *Brachyspatha variabilis.* Indes. 1876. — Pétiole maculé se divisant au sommet en trois branches principales à leur tour pennatiséquées, et terminées par des segments alternes, ovales lancéolés, glabres, brillants et de grandeur inégale. Inflorescence à odeur très désagréable.

A. virosus. N. E. Brown. Siam 1885. — Semblable à l'*A. campanulatus*, mais à inflorescence plus réduite.

CULTURE DES AMORPHOPHALLUS

Les *Amorphophallus* sont des Aroïdées à végétation annuelle exigeant, pendant notre saison hivernale, un repos parfaitement accusé. Ce sont des plantes qui, suivant les espèces, s'hivernent comme les *Caladium* ou comme les *Dahlia*, à sec, en orangerie ou en serre.

Supposant l'amateur ou le jardinier possesseur de tubercules de ces végétaux, nous allons indiquer les moyens les plus pratiques pour en obtenir un bon résultat.

On ne cultive généralement que deux espèces : l'*A. Lacouri*, qui est de serre chaude, et l'*A. Rivieri*, qui peut servir, pendant l'été, à la décoration des corbeilles et des pelouses de jardins. Ils demandent chacun une culture spéciale que nous allons décrire :

A. Lacouri. On met les tubercules en végétation en mars, en les empotant dans des pots variant suivant leur grosseur, en terre de bruyère pure à laquelle on mélange environ un huitième de terre franche argileuse. Un bon drainage est nécessaire. Les tubercules sont enterrés de 3 à 4 centimètres. Les pots sont placés dans la serre à multiplication à la chaleur de fond, et bassinés légèrement afin d'entretenir juste l'humidité nécessaire. Les arrosements doivent être plus abondants à mesure que les plantes poussent, et celles-ci seringuées journellement et cultivées de même façon que les *Alocasia*. Lorsque l'on juge un rempotage nécessaire, on le donne aux plantes dans le même compost que précédemment, et plutôt dans des terrines à *Caladium* que dans des pots trop profonds. On peut réunir plusieurs plantes et former des touffes. Les pots sont placés dans la serre chaude, parmi d'autres Aroïdées, et les plantes traitées de même.

A partir de mai-juin, il est bon de donner un arrosage à la bouse de vache, une fois, puis deux fois par semaine, à intervalles réguliers. En septembre, il faut commencer à ralentir les arrosements et les bassinages, de façon que les plantes se trouvent tout à fait à l'état sec dans leur terre vers le mois d'octobre. Les feuilles sont coupées lorsqu'elles sont tout à fait jaunes, et à mesure qu'elles se trouvent en cet état.

Les pots des plantes sont ensuite posés soit le long des tuyaux de chauffage de la serre chaude, soit sur la bâche, sous d'autres plantes feuillées où on les laisse jusqu'en mars, époque où il est nécessaire de les empoter pour les remettre en végétation.

A. Rivieri et autres espèces. — Cette espèce remarquable peut parfaitement supporter le plein air, en été, sous le climat de Paris et du nord de la France, comme elle peut aider avantageusement à la décoration des jardins d'hiver, des serres froides et des appartements.

Nous empotons les tubercules vers le 15 mars, en pots assez grands, 10 à 15 centimètres, dans un compost formé de terre de bruyère, de terreau et de terre franche par tiers; ils sont enterrés de 3 à 4 centimètres et un léger bassinage est donné. Les pots sont placés sur couche chaude, enterrés dans le terreau et traités comme les *Canna*, les *Colocasia*, etc.

S'il apparaît des fleurs, il est bon de les supprimer. La végétation s'annonce bientôt par l'apparition de l'immense feuille unique de l'*Amorphophallus* qui sort de terre comme un turion énorme, et ne se développe que lorsque le pétiole est arrivé à sa hauteur normale.

Il importe beaucoup de donner une bonne aération, sitôt que l'on s'aperçoit que la tige veut *filer* et de traiter entièrement les plantes comme les *Colocasia esculenta* (*voir cette culture*).

Vers le 15 mai, il est possible de mettre les *Amorphophallus* en place, en pleine terre, à bonne exposition et en plein soleil dans un sol frais, profond et surtout abondamment fumé. Nous conseillons d'étendre, comme il est dit pour les *Colocasia*, une couche de fumier de 50 centimètres d'épaisseur environ, qui donnera un peu de chaleur et fournira après de la nourriture aux racines.

Le terrain dans lequel on doit les planter doit être bien ameubli et mélangé de mi-partie terreau à moitié consommé.

Il est très important de ne pas planter des sujets qui se sont déjà entièrement développés sur couche, car ils ne feraient plus rien en pleine terre ; la couche doit seulement être un stimulant de la végétation : c'est pourquoi il vaut mieux, dans certains cas, mettre pousser les tubercules en plein air, fin de mars, afin d'obtenir un bon résultat.

Les soins à venir consistent en de copieux arrosements pendant tout l'été, avec arrosage à l'engrais liquide deux fois par semaine (bouse de vache ou purin), et un bon paillis doit être étendu au pied de ces plantes.

Certaines personnes ont observé que cet *Amorphophallus* pouvait passer l'hiver en pleine terre sous notre climat, avec une couverture de feuilles ou de fumier pailleux. Nous n'avons pas essayé le degré de résistance de cette plante à nos hivers; mais nous recommanderons toujours de la rentrer à l'abri sous le climat de Paris; il n'en est pas de même dans l'ouest de la France et le Midi; cette espèce se comporte alors parfaitement comme le *Colocasia esculenta*, c'est-à-dire en pleine terre, avec une bonne couverture pendant l'hiver.

En octobre, et après que la première gelée a touché les feuilles des *Amorphophallus*, on relève ceux-ci, en coupant les feuilles, puis on les laisse se ressuyer pendant quelques jours dans un endroit abrité et sec, hangar ou orangerie. Avant de les hiverner complètement, on les visite en supprimant avec soin les parties pourries et les racines mortes, puis ils sont placés dans l'orangerie où dans une serre froide, voire même un cellier ou une cave, plantés en pots dans de la terre tout à fait sèche ou dans du sable. Ces tubercules doivent rester là jusqu'à la mise en végétation.

La multiplication de ces Aroïdées s'opère exclusivement, en pratique du moins, par le sectionnement des tubercules latéraux qui se développent autour des tubercules mères.

Ces jeunes tubercules sont séparés au printemps, empotés à part dans un sol convenable, et cultivés préférablement en pépinière en attendant qu'ils puissent servir à la décoration des corbeilles ou des pelouses, ce qui demande environ deux ou trois années.

Anchomanes, Schott.

Le genre *Anchomanes*, dont la dérivation est douteuse, a été fondé par Schott et renferme deux espèces d'Aroïdées vivaces, tuberculeuses, originaires du Brésil, dont la culture se rapproche de celle de l'*Amorphophallus Lacouri*.

A. Hookeri. = *Caladium petiolatum.* Fernando Po. 1832. — Plante atteignant environ un mètre de hauteur; pétioles grêles, épineux, supportant un limbe horizontal d'environ un mètre de diamètre, divisés en trois lobes, à leur tour découpés en nombreuses folioles dont les plus grandes sont de nouveau dentées. Fleur à spathe pourpre pâle, très ouverte, paraissant avant les feuilles, à spadice blanchâtre, porté par une hampe épineuse, plus courte que les pétioles des feuilles; multiplication par graines et par éclats. (*D. de Nich.*, p. 149.)

Anthurium, Schott.

Le genre *Anthurium*, de *anthos*, fleur, et *oura*, queue, par allusion à la forme du spadice, a été fondé par Schott et renferme environ 160 espèces toutes originaires de l'Amérique tropicale, mais il existe aussi un grand nombre de beaux hybrides et une série nombreuse de métis.

Ce sont des plantes presque acaules ou munies d'une tige dressée ou grimpante, à feuilles digitées ou le plus souvent entières, à pétiole renflé et géniculé à son extrémité ; gaines stipulaires persistantes, alternant avec le pétiole. Spathe courte, infléchie, persistante ; spadice presque sessile, cylindrique, portant des fleurs hermaphrodites, très serrées; périanthe à quatre folioles, quatre étamines opposées au périanthe, à filet linéaire et à anthère biloculaire, ovaire à deux loges; stigmate sessile, oblong. Baies biloculaires.

Les *Anthurium* peuvent compter parmi les plus nobles végétaux qu'il soit donné de cultiver, et les espèces remarquables par leur feuillage ne le cèdent en rien, comme beauté, à celles connues pour la beauté de leurs inflorescences.

Des introductions de grande valeur ont fait de ce genre un groupe varié et nombreux dans ses formes et ses coloris, mais c'est aussi à des hybridations bien comprises et à des sélections raisonnées que nous devons en grande partie la vogue dont jouissent certaines espèces de ce genre qui, plus *travaillées* que les autres, ont prospéré et produit du nouveau.

Si nous étudions, en effet, le rôle de la fécondation artificielle chez ces plantes, nous trouvons des résultats aussi remarquables que bien conçus et dignes d'attirer l'attention des spécialistes.

Deux buts semblent surtout avoir été poursuivis par les personnes qui se sont occupées de l'hybridation chez ces plantes : 1° chercher à féconder les espèces à spathes colorées entre elles ; 2° obtenir des plantes intermédiaires en fécondant des plantes à spathes colorées et ornementales par des espèces à feuillage décoratif ou inversement.

Un plein succès a couronné les efforts des opérateurs et nous possédons aujourd'hui toute une série d'hybrides ayant hérité manifestement des qualités de leurs parents. Quelques espèces d'Anthurium ont surtout contribué à former ces hybrides ; tels sont les *Anthurium Andreanum*, *ornatum*, parmi les espèces à spathes ornementales, avec les *A. Veitchi*, *leuconeurum*, *crystallinum*, *subsignatum*, etc., c'est-à-dire les plantes les plus belles dans chaque genre, mais les hybrides qui en sont provenus ont eux-mêmes servi à de nouvelles fécondations.

La sélection a de même produit, notamment chez l'*A. Scherzerianum*, des résultats remarquables et par des semis suivis et des fécondations artificielles entre les variétés on est parvenu à obtenir des genres de toute beauté où le port de la plante, celui de ses inflorescences, leur dimension, leur coloris, sont arrivées à une perfection qu'il paraît presque impossible de dépasser aujourd'hui, si l'on pouvait dire qu'il y a une limite dans la sélection.

Enfin, des variations spontanées de coloris ont aussi apporté à certaines de ces plantes des matériaux utilisés par ceux qui s'occupaient de les féconder en même temps qu'elles leur procuraient un nouvel intérêt horticole.

En résumé, c'est un vaste champ ouvert à tous ceux qui, ne s'arrêtant pas à des considérations botaniques, tenteront des unions entre les différentes espèces de ce beau genre, et il y a lieu d'espérer, devant les résultats obtenus jusqu'aujourd'hui, que la série n'est pas encore close des hybrides d'*Anthurium!*

Nous avons adopté une classification tout horticole, en divisant les *Anthurium* en deux groupes bien distincts : 1° *Anthurium* floraux (1); 2° *Anthurium* à feuillage ornemental : ces sections ont elles-mêmes été divisées en *espèces* et en *hybrides*.

1er GROUPE. — **Anthurium floraux.**

ESPÈCES.

A. Andreanum. Lind. Colombie. 1876. — Tige pouvant atteindre jusqu'à 2 mètres dans les cultures, garnie de belles feuilles vertes, ovales-lancéolées, cordiformes; spathes bien ouvertes, ovales cordi-

(1) Sous cette appellation d'*Anthurium floraux*, nous comprenons ceux dont la *spathe* est ornementale par sa couleur ou sa forme, car dans ces plantes toute la beauté réside dans la coloration de l'enveloppe extérieure (spathe) qui entoure et protège les fleurs véritables réunies sous forme de cône cylindrique appelé *spadice*.

formes, coriaces et corruguées irrégulièrement, d'un magnifique écarlate orangé ; la grandeur des fleurs peut doubler par une bonne culture; spadice long

Fig. 4. — Anthurium Andreanum.

d'environ 8 centimètres, jaunâtre au sommet, et blanc d'ivoire à la base, infléchi sur la spathe.

A. A. β. *atropurpureum*. E. Pyn. — Belle variété à grande spathe, d'un rouge carmin.

A. A. β. *flore albo*. Spathe blanche.

A. A. β. *grandiflorum*. 1886. —Spathe très grande,

atteignant jusqu'à 20 centimètres de longueur, spadice long de 10 centimètres.

A. A. β. *Louisa.* E. Pyn. 1889. — Spathe grande, d'un beau rose saumoné.

L'*Anthurium Andreanum* restera toujours comme l'un des plus beaux du genre, et son introduction fait honneur au savant botaniste français, M. Ed. André, à qui nous devons cette belle espèce. Laissons-lui raconter comment il l'a trouvée :

« C'est au mois de mai 1876, dans l'une des régions les plus riches en belles plantes de la Nouvelle-Grenade (Etats-Unis de Colombie) et qui forme l'état du Cauca, que j'ai découvert cette belle plante par hasard, d'abord sur un tronc de *Ficus elliptica* où elle croissait en épiphyte, puis sur le sol même, au milieu d'un gazon de Fougères et de Sélaginelles, sur lesquelles se détachaient admirablement ses grandes spathes écarlates.

J'étais accompagné de deux Indiens de la tribu des Cuaiquerès, qui m'aidèrent à en récolter une quarantaine d'échantillons — tout ce que je pus trouver en une journée dans la région, — et un nègre nommé Manuel les apporta à Tuquerrès, où ils furent joints à un envoi de plantes vivantes que je faisais en Europe. Ces quarante exemplaires formaient des pieds à rhizomes allongés, bien pourvus de racines, de feuilles et de fleurs. Ils furent emballés avec soin par moi-même et mon préparateur Jean Nœtzli, en présence d'un habitant de Tuquerrès, M. Julien Thomas, et ils furent expédiés en Europe par l'entremise de M. Pouchard, consul de France à Tumaco, port de la Nouvelle-Grenade sur l'océan Pacifique. » (Extrait de la *Revue Horticole*, 1er mai 1881.)

A. Bakeri. Costa-Rica. 1872. — Feuilles linéaires,

vertes, coriaces. Fleurs petites, à spathe verte, insignifiantes. Tout le mérite de cette espèce réside dans les fruits, dont le spadice est garni; ceux-ci sont gros comme des pois et d'un écarlate brillant.

A. cuspidatum. Mast. Colombie. — Feuilles vertes, ovales oblongues, acuminées, de 25 à 30 centimètres de longueur, sur 18 centimètres de large, spathe cramoisie, réfléchie, plus courte que le spadice qui est violet.

A. cymbiforme. N. E. Brown. Colombie. 1888. — Feuilles cordiformes; fleurs grandes, spathe blanche, et spadice rose saumoné.

Paraît voisin par ses caractères de l'*A. ornatum.*

A. Dechardi. = *Sphathiphyllum cannæfolium.*

A. hybridum. = *Spathiphyllum hybridum.*

A. ornatum. Venezuela. 1869. — Feuilles ovales ou oblongues, cordiformes, d'un vert pâle, portées par des pétioles de plus d'un mètre de longueur. Pédoncules dépassant les feuilles; spathe d'un blanc pur, longue de 15 à 20 centimètres, large de 7 centimètres; le spadice droit, violet foncé, noirâtre, atteint environ 15 centimètres de longueur. Parfum très agréable.

A. Patini. = *Spathiphyllum Patini.*

A. purpureum. N. E. Brown. Brésil. 1887. — Plante caulescente. Feuilles oblongues lancéolées, aiguës au sommet, longues de 35 centimètres sur 9 centimètres de large, vertes, coriaces. Spathe pourpre des deux côtés, longue de 10 centimètres et large de 2 centimètres, réfléchie, parfois crispée; spadice long de 15 centimètres, d'un violet pourpre foncé.

A. Scherzerianum. Schott. Costa-Rica. 1864. — Plante acaule ou à tige très réduite. Feuilles coriaces de 20 à 25 centimètres de longueur, oblongues, arrondies ou obtuses à la base, acuminées, cuspidées au sommet également arrondi. Spadice en forme de chaton, presque cylindrique, contourné en tire-bouchon, à peine stipité, de couleur écarlate orangé. (Extrait de la *Revue Horticole*, 16 novembre 1866.)

Fig. 5. — Anthurium Scherzerianum bispathaceum.

La description qui précède a trait au type de cette espèce, mais les formes et variétés qui suivent ont des caractères beaucoup amplifiés, résultat de la culture et d'une bonne sélection par le semis.

A. S. albo-lineatum. Hort. 1888.

A. S. album. = *A. S. Williamsi.* Costa-Rica. 1874.

— Variété à spathe d'un blanc crème, à spadice jaune citron pâle.

A. S. andegavense. Hort. 1881. — Obtenue par M. de la Devansaye, cette variété se remarque par la coloration blanche et ponctuée du pédoncule; la spathe inférieurement pointillée de blanc, sur un fond rouge vermillon, de dimension beaucoup plus grande que chez le type. Spadice jaune. Ressemble à l'*A. S. Rothschildianum*.

A. S. bispathaceum. Hort. Rod. 1830. — Variété très curieuse, par suite de la formation d'une seconde spathe au-dessus de la première, de même coloration que le type. En 1878, la *Revue Horticole* a décrit une variété nommée *Mme Jules Vallerand* et obtenue par M. Vallerand de Bois-Colombes, et qui semble être identique.

A. S. bruxellense. Hort. 1887. — Feuilles lancéolées, rétrécies jusqu'au sommet, pédoncule et spathe d'un beau rouge écarlate. Spadice jaune orangé.

A. S. Devansayanum. Hort. — Obtenue par M. de la Devansaye, cette variété donne de grandes spathes blanches, tachetées et ponctuées de rouge cinabre. Une variété rouge énorme, *Devansayaum rotundifolium*, obtenue par le même semeur en 1882, a été mise au commerce sous le nom d'*A. S. titanum*.

A. S. giganteum. Hort. Costa-Rica. — Plante plus grande dans toutes ses parties que le type, spathe atteignant jusqu'à 15 centimètres de longueur, sur 8 ou 10 centimètres de large. Même coloris.

A. S. grandiflorum.

A. S. Hendersoni. Hort. — Spathe longue et étroite.

A. S. lacteum. Hort. = *A. album maximum flavescens.* Hort. 1886. — Spathe d'un blanc laiteux et spadice jaune orangé.

A. S. maximum. Hort. — Remarquable variété aux formes gigantesques pour l'espèce. Spathe atteignant

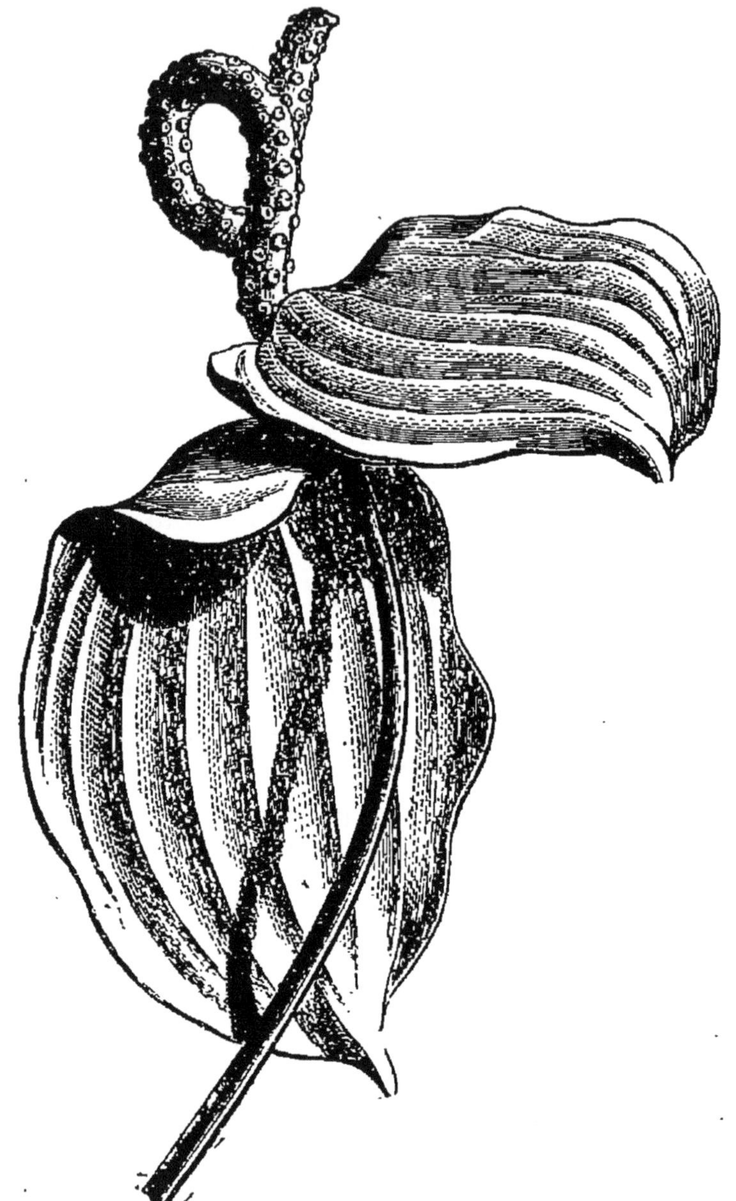

Fig. 6. — Anthurium Scherzerianum bispathaceum.

jusqu'à 20 centimètres de longueur et 10 centimètres de large, d'un brillant rouge écarlate.

A. S. maximum album. Hort. De la Devan. — Sous variété du précédent, à spathe blanche.

A. S. mutabile. Hort. 1882. — Spathe changeante, d'abord blanche, et progressivement écarlate.

A. S. nebulosum. Hort. — Obtenu par M. de la Devansaye. Spathe double (*bispathaceum*) à fond blanc finement pointillé de rose.

A. S. parisiense. Hort. M. Bleu. — Spathe d'un beau rose saumoné, spadice jaune orangé, brillant. Plante compacte, très distincte et jolie.

A. S. pygmæum. Hort. — Variété plus réduite dans toutes ses parties que l'*A. S.* type. Feuilles étroites, longues de 10 à 15 centimètres et larges d'un peu plus d'un centimètre. Spathe de même couleur que chez le type, mais à spadice pédicellé, c'est-à-dire que la tige semble continuer au-dessus de la spathe, sur une longueur d'environ 2 centimètres. L'*A. S. pygmæum* est très recommandable pour ses qualités de floribondité et de vigueur.

A. S. Rothschildianum. Hort. Berg. — Métis obtenu par M. Bergman, de Ferrières. Spathe d'un blanc crémeux couverte de macules et pointillée de rose cinabre, spadice jaune orangé. Obtenue simultanément par M. Bertrand, de la Queue-en Brie.

A. S. Vervænum. Hort. 1884. — Obtenue par M. Vervaene de Gand, la plus jolie des variétés à spathe blanche, spadice jaune d'or foncé.

A. S. Wardi. Hort. Veitch. 1878. — Obtenue par M. Ward. Une des plus belles variétés de l'*A. Scherzerianum*. Spathe énorme, atteignant jusqu'à 15 centimètres de longueur, sur 10 centimètres de large, d'un coloris très brillant, végétation vigoureuse.

A. S. Warocqueanum. Hort. Rod. — Spathe blanche, ponctuée de rouge, spadice jaune.

A. S. Williamsi. = *A. S. album.*

A. S. Woodbridgei. Hort. 1882. — Forme remarquable par la grandeur des spathes, atteignant jusqu'à 15 centimètres de longueur, d'une couleur écarlate intense.

Nous n'avons énuméré dans cette liste que les variétés les plus généralement cultivées aujourd'hui, car il en est de cet *Anthurium* comme de beaucoup d'autres plantes, les variétés anciennes cèdent le pas aux plus nouvelles, toujours plus méritantes; il est donc presque impossible de former une collection stable, puisque, chaque année, il y a élimination de variétés anciennes et adoption de nouveautés.

Le cadre restreint de cet ouvrage ne nous permet pas de tracer l'historique des variétés obtenues de ce bel *Anthurium* : disons seulement que des sources bien distinctes ont parfois produit un résultat à peu près semblable,comme elles tendaient au même but.

C'est surtout en France et en Belgique qu'ont été obtenues les belles variétés d'*A. Scherzeranium* et la liste serait longue de celles qui se sont déjà succédées dans le commerce et des semeurs qui les ont obtenues.

Il est cependant juste de signaler les succès obtenus par MM. Bergman, de la Devansaye, Duval (de Versailles), Truffaut, etc., qui se surtout occupés de cette plante en France, et nous réservent chaque année de nouvelles surprises. M. Duval a ainsi créé une race spéciale obtenue par sélection et caractérisée par une excellente tenue dans les organes foliacés et floraux de ces plantes.

Les horticulteurs belges n'ont rien à envier aux nôtres et leurs obtentions marchent de pair avec les belles formes obtenues en France; M. Vervaene, de

Gand, s'est créé une réputation bien méritée pour ses semis d'*Anthurium Scherzerianum*. Il en est de même de MM. de Smet-Duvivier, de Smet frères, A. de Smet, etc. Disons toutefois que les caractères différentiels sont parfois peu apparents entre les variétés de cette plante et comme le semis en produit toujours de nouvelles, peut-être faut-il prévoir pour l'avenir la nécessité de se renfermer dans des *races* composées de plantes ayant à peu près les mêmes caractères végétatifs et choisies comme les meilleures, réunissant, à une *bonne tenue*, des *fleurs grandes*, et un haut degré de *floribondité*.

HYBRIDES

A. Allendorfi. Hort. 1889. Hybride entre les *A. Andreanum*, et *A. Grusoni*.

A. Archiduc Joseph. Hort. 1885. Hybride entre les *A. Andreanum* et *A. Lindeni*. — Feuilles ovales, cordiformes, acuminées au sommet, cordiformes à la base, spathe d'un beau rouge écarlate clair, cordiforme, longue de 10 à 12 centimètres et large de 9 à 10 centimètres. Spadice carné.

A. burfordiense. Hort. — Spathe grande, rouge brillant, ressemblant à celle de l'*A. carneum*.

A. carneum. Hort. Ed. André. Obtenu par MM. Chantrier en 1882. Hybride entre les *A. Andreanum* et *ornatum*. — Feuilles brièvement cordiformes, cuspidées, spathe rose clair, ovale-cordiforme, avec des dépresssions longitudinales, spadice rose.

A. Chantinianum. Martinet. Obtenu par MM. Chantrier. 1889. Hybride entre l'*A. Houlletianum* et l'*A. Andreannm*. — Feuilles vert foncé, ovales aiguës, cordiformes à la base, fortement palmatinervées, ondulées sur les bords, et longues de 45 centimètres sur 35 centimètres de large. Spathe ovale, triangulaire, rose groseille, striée de nervures plus pâles, longues de 18 centimètres et larges de 15 centimètres. Spadice érigé d'un rose pâle, un peu plus long que la spathe.

A. Chantrieri. Ed. André. Obtenu par MM. Chantrier. 1884. Hybride entre l'*A. subsignatum* et l'*A. ornatum*. — Feuilles d'un vert foncé luisant, triangulaires ou rhomboïdales acuminées. Spathe blanc d'ivoire, dressée, oblongue acuminée ; spadice violet foncé.

A. Comtesse de Rottermund. Ed. André. Obtenu par MM. Chantrier. 1891. Hybride entre l'*A. Chantrieri* et l'*A. carneum*. « Plante vigoureuse, de taille moyenne, à feuilles ovales, oblongues cordiformes. Pédoncule dressé, fin, cylindrique, non géniculé au sommet, d'un vert clair uniforme. Spathe d'abord érigée, creusée en cuiller, devenant ensuite horizontale, puis réfléchie, ovale oblongue, longue de 15 à 18 centimètres, large de 7 à 9 centimètres, brusquement acuminée aiguë, à pointe droite convolutée, à oreillettes non convergentes, à sinus presque nul, couleur blanche, puis veiné et strié de raies longitudinales transparentes. Spadice érigé cylindrique, très brièvement pédiculé, fin, atténué vers le sommet et obtus, d'une nuance légère, orangée, délicate, plus pâle à l'emplacement des stigmates. » (Extrait de la *Revue Horticole*, 16 avril 1891.)

A. Desmetianum. Rod. Hybride entre l'*A. Andreanum* et l'*A. Leopoldi*. — Feuilles hastées, d'un vert brillant. Spathe grande, cordiforme, ovale aiguë, gaufrée ; spadice blanc et court.

A. cruentum. Ed. André. 1886. Hybride entre l'*A. Andreanum* et l'*A. Veitchi*. Spathe rouge sang, et possédant la même origine que l'*A. mortfontanense*.

A. excelsior. Hort. 1889. Hybride entre l'*A. Veitchi* et l'*A. ornatum*.

A. ferrierense. Hort. Bergm. 1881. Hybride entre

Fig. 7. — Anthurium ferrierense.

l'*A. Andreanum* fécondé par l'*A. ornatum*. — Plante remarquable ; feuilles larges, cordiformes. Spathe cordiforme, atteignant jusqu'à 20 centimètres de longueur sur 17 centimètres de largeur, d'un rose carminé très vif et comme verni. Spadice long dressé, blanc d'ivoire à la base, et jaune à l'extrémité. C'est un hybride possédant de rares qualités de floribondité et de vigueur que nous devons à M. Bergman, l'heureux semeur d'Aroïdées. C'est le premier hybride obtenu de l'*A. Andreanum*.

A. Frœbeli. Hort. 1886. Hybride entre l'*A. Andreanum* et l'*A. ornatum*. — Feuilles grandes, cordiformes, spathe grande, d'un beau carmin foncé brillant. Très floribond.

A. Goliath. Hort. Obtenu par MM. Chantrier. — Feuillage de l'*A. Lawrenceanum*, mais plus ample. Pétioles relativement courts. Pédoncules dépassant le feuillage, dressés, fermes, cylindriques, vert léger teinté de brun rouge et lenticellé de vert, articulation supérieure courte, dressée peu saillante. Spathe sub-orbiculaire, cordiforme, épaisse, coriace longue de 24 centimètres et large de 18 centimètres, étalée *horizontalement*, à *oreillettes* arrondies et largement équitantes, à sinus basilaire nul, à sommet conique droit, réfracté, involuté, à nervures principales saillantes en dessus, cloisonnées vers les bords, nulles dessous, couleur générale vermillon et carmin foncé, brillant, beaucoup plus pâle en dessous. Spadice dressé, arqué, robuste, n'atteignant pas le sommet de la spathe, blanchâtre d'abord, jaune ensuite, portant des graines en abondance. Cette plante encore inédite a été obtenue en 1889 d'un *A. Lawrenceanum* fécondé par l'*A. Andreanum*. La première floraison a eu lieu en 1890.

L'ampleur extraordinaire des spathes de cette nouveauté, et leur belle couleur en font une véritable curiosité, en même temps qu'un gain de haute valeur ornementale. (Extrait de la *Revue Horticole*, 16 avril 1891.)

A. Grusoni. Hort. 1889. Hybride entre l'*A. Andreanum* et l'*A. Lindigi.* Spathe rouge carmin.

A. Isarense. Ed. André. 1888. Hybride obtenu par MM. Chantrier entre l'*A. Veitchi* et l'*A. ornatum.* — Feuilles cordiformes oblongues, d'un vert tendre nuancé de reflets métalliques, spathe horizontale oblongue, lancéolée, d'un blanc pur, spadice gros, blanc rosé.

A. Kolbi. Hort. Hybride entre l'*A. Andreanum* et l'*A. Lindgi.* Spathe rouge ponceau.

A. Lawrenceanum. Ed. André. Obtenu par MM. Chantrier, 1888. Hybride obtenu entre l'*A. Houl-letianum* et l'*A. Andreanum.* — Feuilles planes, cordiformes oblongues, aiguës au sommet, d'un vert brillant et à nervures principales saillantes. Spathe cordiforme longue de 15 centimètres et large de 10 centimètres, d'un rouge carmin foncé, se tenant horizontalement, à sommet aigu, récurvé, spadice dressé, long de 10 centimètres, carmin.

A. M. Charles Joly. Obtenu par MM. Chantrier, 1893. Hybride entre l'*A. cruentum* fécondé par l'*A. Andreanum.* — Feuilles longues de 35 centimètres et larges de 19 centimètres, d'un vert brillant foncé; spathe longue de 13 centimètres et large de 10 centimètres, horizontale et cloisonnée comme celle de l'*A. Andreanum*, d'un rouge violacé foncé en dessus, et rose violacé en dessous. spadice court et robuste, blanc rosé.

A. mortfontanense. Hort. Obtenu par MM. Chantrier. 1885. — Hybride entre l'*A. Andreanum* et l'*A. Veitchi.* Feuilles allongées, ovales cordiformes, spathe cordiforme grande, cramoisie, spadice blanchâtre. Voisin de l'*A. leodiense*. Hort.

A. Ortgiesi. Hort. 1889. — Hybride entre l'*A. Andreanum* et l'*A. Lindenianum* (*Lindigi*). Spathe rouge vermillon.

A. Wittmacki. Hort. 1889. — Hybride entre l'*A. Andreanum* et l'*A. Lindigi* ou *Lindenianum*. Spathe rose.

De nouveaux hybrides paraissent chaque année toujours plus beaux et plus nombreux, et la facilité qu'offrent ces végétaux à se féconder entre eux nous entraînera un jour ou l'autre dans une confusion extrême, de laquelle on ne pourra plus sortir, comme cela arrive déjà pour d'autres végétaux, tels que certains genres d'Orchidées.

Anthurium à feuillage ornemental.

1° Espèces

A. acaule. Sweet. Antilles. 1893. — Feuilles oblongues acuminées de 30 centimètres à 1 mètre de longueur, dressées et rigides, disposées en rosette, d'un vert foncé luisant sur la face supérieure et plus pâles en dessous. Fleurs insignifiantes, odorantes.

A. Browni. Mast. Nouvelle-Grenade. 1873. — Feuilles cordiformes pouvant atteindre de 1 mètre à 1 m. 30 de longueur d'un vert foncé ; la texture de la feuille ressemble à du cuir.

A. Chamberlaini. Mast. Venezuela. 1887.— Feuilles grandes, cordiformes obliques, de 1 mètre de longueur sur 60 centimètres de large, coriaces et d'un vert brillant, plus pâle en dessous; les nervures principales sont saillantes sur les deux faces; les feuilles sont portées par des pétioles longs de 1 m.20 Majestueuse espèce.

A. cordifolium. Nouvelle-Grenade. — Feuilles cordiformes, longues de 1 mètre et large de 50 centimètres d'un vert brillant, sur la face supérieure, plus pâles en dessous. Espèce relativement rustique et pouvant se cultiver en serre froide pendant l'été et même en plein air dans un endroit chaud et bien abrité. Serre tempérée l'hiver, voisin de l'*A. Browni*.

A. colocasiæfolium. De la Devansaye. Amérique équatoriale. — Plante acaule dans les cultures; feuilles ovales-cordiformes, mesurant 40 centimètres environ de longueur sur 32 centimètres de largeur, d'un vert foncé en dessus, plus clair en dessous, très épaisses, coriaces, et complètement glabres, à bords légèrement ondulés, nervures alternes apparentes, limbe étalé, pétiole noueux au sommet, long de 60 à 70 centimètres, vert, canaliculé, spathe verdâtre. (Extrait de la *Revue Horticole*, 1er décembre 1879.)

A. coriaceum. Endl. = *Pothos glauca* = *A. glaucum* = *A. glaucescens*. C. Koch. Brésil. — « Plante acaule, feuilles érigées, oblongues-lancéolées, coriaces, longues de plus d'un mètre, ondulées et légèrement obliques à la base, à nervure médiane proéminente sur les deux faces, munie d'une nervure marginale ; pétiole noueux au sommet, demi-cylindrique. Pédoncule floral raide, terminé par une spathe dressée, ovale, lancéolée, acuminée, d'un vert pâle, plus courte que le spadice, qui est d'un vert blanchâtre, puis violacé au moment de la maturité des graines. — (Extrait de la *Revue Horticole*. 1879.)

M. de la Devansaye recommande la culture de

cette espèce au plein air pendant l'été, comme elle a d'ailleurs déjà été cultivée, il y a une vingtaine d'années, dans les jardins de Paris.

A. crassifolium. 1883. — Feuilles ovales-lancéolées, très épaisses et raides, obtuses, portées par des pétioles allongés.

A. crystallinum. Lind. et André. Colombie. — Feuilles grandes ou très grandes, ovales-cordiformes, acuminées, d'un magnifique vert foncé velouté; les nervures principales sont bordées de blanc cristallin, et les feuilles dans leur jeune âge ont des teintes violacées d'une richesse incomparable.

Fig. 8. — Anthurium crystallinum.

C'est une admirable plante qui peut rivaliser avec les plus beaux *Alocasia.*

A. elegans. Engler. Colombie. 1883. — Feuilles d'un beau vert brillant, cordiformes, profondément divisées en neuf-treize segments inégaux; pétioles atteignant deux fois la longueur du limbe.

A. Fendleri. Schott. Venezuela. — Feuilles de 50 à 60 centimètres de longueur sur 17 à 10 centimètres de largeur.

A. fissum. C. Koch. Colombie. 1868. — Plante caulescente. Feuilles découpées en quatre-sept segments elliptiques, oblongs acuminés; pétioles plus longs que le limbe.

A. f. elegans et *A. f. superbum.*

A. glaucum. Hort. = *A. coriaceum.*

A. Glaziovi. Hook. Rio de Janeiro. 1880. — Feuilles d'un vert luisant, presque dressées, étroitement oblongues-lancéolées, obtuses, coriaces, planes, à fortes nervures.

A. Gustavi. R. G. Bonaventure. 1883. — Tige très courte, dressée, feuilles ovales-cordiformes ou arrondies, longues de 70 centimètres et larges de 50 à 60 centimètres, profondément nervées et portées sur des pétioles de 60 centimètres de long. Espèce à croissance rapide.

A. Harrisi. Sweet. Brésil. — Feuilles de 40 à 60 centimètres de longueur sur 8 à 10 centimètres de large. Espèce très rare.

A. Harrisi. pulchrum. Hort. Brésil. 1882. — Tige courte; feuilles vert pâle, lancéolées arrondies à la base, fortement maculées de blanc et entremêlées de taches vert foncé, ce qui forme un charmant contraste, la spathe est blanc crème, réfléchie rosée à son extrémité, le spadice est cramoisi foncé.

A. Hookeri. Kunth. = *A. Hugeli.* Schott. Amérique tropicale. 1840. Plante acaule; feuilles obovales spatulées, rétrécies, cunéiformes à la base, courtement pétiolées, longues de 70 à 80 centimètres et larges de 20 centimètres d'un vert cru luisant.

A. insigne. Mast. = *Philodendron Holtonianum.* Hort. Colombie. 1881. — Feuilles trilobées, le lobe central est lancéolé et ceux latéraux presque ovales; les feuilles sont revêtues d'une teinte bronzée à l'état jeune, avant d'acquérir la nuance vert foncé du feuillage adulte.

A. Kalbreyeri. Nouvelle-Grenade. 1881. — Plante grimpante. Feuilles d'environ 75 centimètres de diamètre, divisées en 9 segments obovales, oblongs, acuminés, épais, sinués et d'un beau vert foncé glabre. Belle espèce.

A. Laucheanum. Koch. Brésil. — Tige réduite, pétioles vigoureux, rougeâtres, de plus d'un mètre de longueur, portant des feuilles épaisses, ovales-cordiformes, longues de 40 centimètres et larges de 17, acuminées, un peu ondulées, glabres et d'un vert foncé rougeâtre. Espèce remarquable.

A. leuconeurum. Ch. Lem. 1862. Mexique. — Plante acaule, feuilles ovales cordées, aiguës au sommet, et profondément échancrées à la base, d'un vert intense et foncé, velouté, nervées de vert blanchâtre.

A. Lindenianum. C. Koch. = *A. Lindigi.* Hort. Colombie. 1866. — Feuilles très amples, à contours généralement arrondis et profondément cordiformes, portées sur des pétioles longs et vigoureux. Spathe blanche, petite, odorante.

A. longispathum. Car. 1887. Guadeloupe. — Plante acaule, feuilles longuement pétiolées, d'un vert pâle, coriaces, longues de 60 centimètres environ sur 45 centimètres de large, profondément échancrées à la base et à nervures saillantes.

A. macrophyllum. Schott. Amérique du Sud. — Feuilles de 50 à 60 centimètres de longueur, sur 15 à 18 centimètres de large.

A. magnificum. Lind. Colombie. — « Plante acaule, à gaines largement amplexicaules, aiguës, submembraneuses, brunes. Pétiole robuste de la longueur du limbe, géniculé, renflé à la base, et teinté de rouge-brun jusqu'au quart de sa hauteur, pourvu de quatre ailes larges, blanches, transparentes, frangé et gaufré à l'articulation. Limbe des feuilles épais, long de 33 à 50 centimètres, large de 25 à

35 centimètres, ovale, cordiforme, subpelté, acuminé, aigu au sommet, profondément échancré à la base, à lobes grands arrondis, face supérieure d'un beau vert satiné, pailleté de cristaux brillants; l'inférieure plus pâle, mais également satinée, nervures saillantes convergentes vers une périphérie un peu distante du bord du limbe sinué ondulé; nervures primordiales entourées d'une bande argentée qui va en se fondant insensiblement avec le reste de la feuille. »

(Extrait de la *Revue Horticole*, 1er octobre 1865.)

A. Miquelianum. Koch. — Tige volubile émettant dans toute sa longueur des racines adventives, à l'aide desquelles elle se fixe aux corps qu'elle rencontre, et qui souvent descendent dans le sol où elles s'implantent. Feuilles lancéolées elliptiques, longues de 60 centimètres et plus, y compris le pétiole qui est gros et charnu, à limbe d'environ 40 centimètres de longueur sur 25 à 30 centimètres de largeur, épais, luisant, parcouru d'une nervure forte, saillante sur les deux faces. (Extrait de la *Revue Horticole*, 1er mai 1869.)

A. pedato-radiatum. Schott. Brésil.

A. pentaphyllum. Aub. Guyane Hollandaise.

A. podophyllum. Schlecht et Cham. Mexique.

A. regale. Lind. Pérou. 1866. — Plante acaule à souche pourvue d'écailles embrassantes, brun-rouge, acuminées, aiguës. De ces écailles sortent les pétioles hauts de 75 centimètres, dressés, cylindriques, dilatés, claviformes, d'un rouge violacé vineux et ponctués de blanc à la base, décroissant, et passant au gris et au vert pâle au sommet. Au sommet du pétiole, une articulation cylindrique, penchée d'abord de manière à renverser le limbe de la feuille et à le maintenir presque parallèlement à la verticale du pétiole, se redresse et porte obliquement, à peu près à angle aigu, la feuille adulte qu'il entraîne avec lui.

Le limbe, long de 90 centimètres et large de 30 centimètres, est ovale-oblong, fortement cordiforme,

Fig. 9. — Anthurium regale.

longuement acuminé-aigu, à pointe allongée, latéralement recourbée. Sa surface est un peu ondulée; elle est parcourue par des nervures saillantes, blanches satinées en dessus, toutes insérées sur le point d'insertion du pétiole, et divergentes, puis se réunissant à la périphérie; en dessous, elles sont d'un rouge vineux uniforme, surtout pendant le jeune âge. La surface du limbe est primitivement d'un rouge vineux foncé, passant au marron, au vert tendre, et finalement au vert émeraude satiné, à reflets plus foncés, réticulé plus pâle. Le dessous est à demi transparent, d'une nuance moins vive, d'un rose satiné uniforme, d'une délicatesse de ton remarquable.

On ne saurait rendre, ni par la plume ni par le pinceau, cette imperceptible granulation qui miroite comme autant de facettes minuscules et diamantées. La nature a de ces arrangements merveilleux, de ces teintes intraduisibles, que l'homme doit renoncer à peindre. (Extrait de la *Revue Horticole*, 16 décembre 1866.)

A. reflexum. Brongn. Amérique tropicale. — Beau feuillage d'un vert foncé atteignant de grandes dimensions.

A. signatum. Benth. Brésil. 1858. — Feuilles trilobées, d'un vert foncé, le lobe supérieur d'environ 30 centimètres de long et 10 centimètres de large, les deux latéraux longs de 10 centimètres et larges de 15 centimètres, portés par des pétioles longs de 30 centimètres.

A. splendidum. Hort. Bull. Amérique du Sud. 1882. — Tige courte, épaisse; feuilles cordiformes, à sinus ouvert et à lobes se recouvrant au sommet. Le parcours des nervures est marqué par une large bande, d'un vert foncé, lustré et velouté, formant un contraste frappant avec les parties vert jaunâtre pâle situées entre deux nervures, et de largeur presque égale; la surface des feuilles est scabre et les parties situées entre les nervures sont fortement bullées ou soulevées en ampoules; les nervures situées sur la face inférieure sont anguleuses, munies d'excroissances espacées en forme de dent et la surface inférieure entière, est ponctuée de taches pâles. (Extrait du

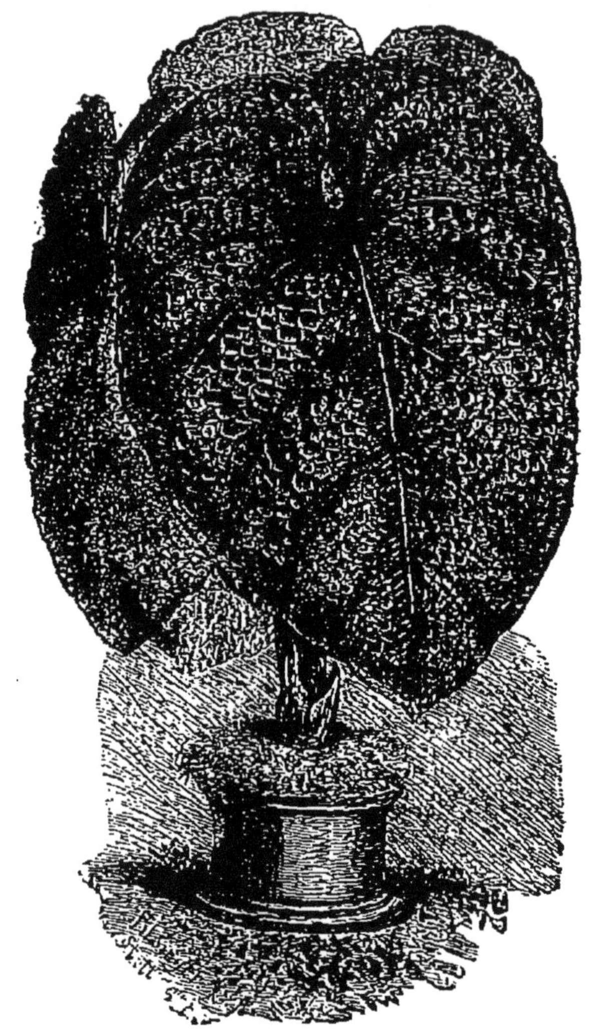

Fig. 10. — Anthurium splendidum.

Dictionnaire d'Horticulture de Nicholson, traduit par S. Mottet.)

A. subsignatum. Costa-Rica. 1861. — Feuilles épaisses et charnues, en hallebarde, d'un vert foncé, brillant en dessus, plus pâle en dessous, de 30 à

40 centimètres de largeur dans le plus grand diamètre.

A. subulatum. Colombie. 1886. — Tige courte. Feuilles ovales, cordiformes, allongées, acuminées au sommet, d'un vert foncé.

A tetragonum. Amérique tropicale. 1860. — Pétioles courts, feuilles dressées, d'un vert brillant sur la face supérieure, plus pâle en dessous, très étroites à la base, etatteignant 30 centimètres dans leur plus grand diamètre, ondulées sur les bords. Espèce rustique.

A. trifidum. Olivier. 1876. — Feuilles trifides, de 12 à 18 centimètres de long, lobes latéraux ovales-oblongs, obtus, plus courts que le lobe médian.

A. triumphans. Brésil. 1882. — Tige droite portant des feuilles alternes, cordiformes, d'un vert brillant, avec les nervures proéminentes d'un vert plus pâle. Belle plante.

A. Veitchi. Mast. Colombie. 1877. — Plante acaule, feuilles ovales-oblongues, très longues, se présentant verticalement, et pouvant atteindre sur les pieds forts 1 mètre sur 25 à 30 centimètres de largeur, coriaces, d'un vert gai ; les nervures principales sont arquées et profondément enfoncées, ce qui donne à la feuille une apparence ondulée très remarquable.

C'est une magnifique espèce, qui devrait se trouver dans toutes les serres chaudes.

A. V. β. acuminatum. Colombie 1885. — Variété à feuilles ovales lancéolées, acuminées, moins belle que le type.

A. Waluiewii. Venezuela. 1880. — Feuilles cordiformes, d'un vert olive et rougeâtre dans le jeune âge, de 30 à 40 centimètres de longueur sur 20 à 25 de largeur. Ressemble un peu à l'*A. magnificum*.

A. Warocqueanum. Veitch. Nouvelle-Grenade. 1878.

— Feuilles allongées, se présentant bien à la vue, d'un magnifique vert foncé, velouté, pouvant atteindre 1 mètre de longueur sur 30 centimètres de largeur ; les nervures médiane et secondaires sont vert clair, et forment un charmant réseau sur le fond vert foncé du limbe.

C'est un digne pendant à l'*A. Veitchi.*

HYBRIDES

A. Chelsiense. Hort. 1885. Hybride obtenu entre l'*A. Veitchi* et l'*A. Andreanum.*

Feuilles ressemblant à celle de l'*A. Veitchi*, mais plus ovales et à nervures moins nombreuses et moins arquées, spathe cramoisie, lisse et luisante, cordiforme, de 9 à 12 centimètres de longueur sur 7 à 9 centimètres de largeur, spadice jaunâtre au sommet et blanc à la base.

Remarquable par son feuillage et ses fleurs.

A. dentatum. Ed. André. 1884. — Hybride entre l'*A. fissum* et l'*A. leuconeurum.* Obtenu par M. de la Devansaye, grand amateur d'Aroïdées. Feuilles grandes, cordiformes, profondément lobées, d'un vert brillant, à nervures plus pâles, quelquefois nuancées de reflets plus foncé; lobes ovales-aigus. Les jeunes feuilles sont entières.

A. Eduardi. Ed. André. 1884. Hyb. entre l'*A. crystallinum* et l'*A. subsignatum.* — Cette plante, des plus caractéristiques dans le genre, a des pétioles fins, cylindracés, dressés, courts et d'une bonne tenue. Les limbes des feuilles sont ovales, un peu triangulaires, à sinus très ouvert, à nervures principales et secondaires également saillantes en dessus et en dessous. Ce limbe devient énorme, il avait atteint jusqu'à 70 centimètres, sur le spécimen que j'ai observé avec une tendance à se rapprocher de la forme de hallebarde, de l'*A. subsignatum*, par ses

Fig. 11. — Anthurium dentatum.

oreillettes arrondies et retournées. La nuance du limbe est en dessus d'un vert foncé, glacé de violacé satiné, avec des nervures plus pâles, et surtout la page inférieure presque décolorée. Les nervures sont antipériphériques, c'est-à-dire qu'elles se soudent sur une ligne distante du bord. Cette plante est, je le répète, de premier ordre. (Extrait de la *Revue Horticole*, 1er mars 1884.)

A. Devansayanum. Ed. André. 1883. Hybride ayant les feuilles cordiformes, ondulées, acuminées, dressées, portées par des pétioles arrondis. Fleurs à spathe et spadice dressés, ce dernier stipité.

A. Hardyanum. Martinet. 1889. Hyb. entre l'*A. Andreanum* et l'*A. Eduardi*.

Plante très vigoureuse, à feuilles deltoïdes, vert sombre, fortement palmatinervées, grossièrement ondulées, lobées sur les bords, d'une longueur de 40 centimètres, sur une largeur égale. Spathe ovale aiguë longue de 20 centimètres, large de 12 centimètres, rose vineux clair, rayé de lignes plus foncées. Spadice blanc d'ivoire uniforme, de 20 centimètres de longueur. (Extrait de la *Revue Horticole*, 1er août 1889.)

A. Hero. N. E. Brown. 1890. Hyb. de l'*A. Veitchi* et de l'*A. crystallinum*.

A. Houlletianum. Ed. André. 1884. Hyb. entre l'*A. magnificum* et l'*A. Andreanum*. — Feuilles oblongues, cordiformes, d'un vert foncé brillant, à reflets métalliques ou satinés, portées par des pétioles courts. Spathe rose pâle, ovale-cordiforme, aiguë, spadice vert, passant au jaune.

A. intermedium. 1884. Hyb. entre l'*A. hybridum* et l'*A. crystallinum*.

Feuilles réfléchies, oblongues, ovales cordiformes, d'un vert velouté, avec une légère teinte orange ; les nervures sont blanchâtres.

A. macrolobum. Tige courte et droite. Feuilles grandes, défléchies cordiformes, acuminées à trois lobes marginaux aigus et vert foncé, sillonnés par des nervures d'un vert pâle.

A. Mooreanum. 1896. Hyb. entre l'*A. crystallinum* et

Fig. 12. — Anthurium Devonsayanum.

l'*A. signatum.* — Feuilles presque hastées de 30 centimètres de longueur, pétioles longs de 45 centimètres, spathe pourpre de 10 à 11 centimètres de long, linéaire oblongue, spadice brun olive.

Nous n'avons pas parlé des organes floraux des *espèces*, car en général, à moins que l'on n'ait l'intention d'opérer une fécondation, on les supprime afin de ne pas perdre inutilement de la sève, les spathes étant presque toujours de couleur verte, et en tous cas, insignifiantes au point de vue ornemental. Il n'en est pas de même des *hybrides* de cette série, qui ont presque toujours eu pour un des parents, une espèce ou déjà un hybride remarquable par ses fleurs. L'intention évidente que l'on a eue de chercher à réunir sur la même plante de belles fleurs jointes à un feuillage décoratif, a été couronnée d'un plein succès, et nous ne sommes encore qu'au commencement. Il y a là, croyons-nous, un grand avenir, pour des fécondations bien comprises.

CULTURE DES ANTHURIUM

Compost et rempotage. — Tous les *Anthurium* aiment une terre légère et poreuse ; la terre de bruyère fibreuse est celle qui semble le mieux leur convenir, aussi les cultivons-nous dans le compost suivant, qui nous a toujours donné de bons résultats : deux tiers de terre, un tiers de sphagnum vivant haché auxquels on ajoute la valeur d'un cinquième de petits morceaux de charbon de bois, le tout bien mélangé; pour les espèces à feuillage ornemental nous ajoutons au compost une minime quantité de terre franche (environ un dixième).

Nous cultivons nos *Anthurium* dans des terrines à *Caladium*, percées au fond d'un nombre de trous suffisants pour assurer le libre écoulement de l'eau provenant des arrosements fréquents qu'ils demandent; nous avons réussi aussi en cultivant ces Aroïdées dans les terrines à jour que nous employons pour les *Nepenthes;* il est même probable que certaines espèces naines se plairaient bien tenues en paniers à Orchidées. Les récipients choisis pour le rempotage des plantes doivent être propres ; on étend au fond un lit de tessons variant de 3 à 9 centimètres suivant l'importance des pots, et qui en moyenne équivaut presque au tiers de leur hauteur. Ces tessons doivent être lavés et disposés de telle façon que les plus gros se trouvent en dessous et les plus petits mis de manière à boucher les interstices pouvant exister. On étend au-dessus une couche de 1 à 2 centimètres de sphagnum mêlé à des débris de terre de bruyère tels que racines, fibres, vieilles souches, racines de fougère, polypode, etc.

On dépote la plante à rempoter à laquelle on retranche les racines mortes et la terre usée qui ne tient pas aux racines vives, on la place exactement au milieu du pot et on la rempote avec le compost précité, en ayant soin de ne pas trop tasser la terre qui, une fois le rempotage terminé, devra affecter une forme bombée vers le centre, de façon à aider à l'émission des racines adventives qui se développent chez tous les *Anthurium*.

On étend alors sur toute la surface du pot une couche de sphagnum vivant, en ayant soin que les *têtes* se trouvent bien à la lumière, ce qui maintient cette mousse en végétation. A mesure qu'il se développera plus tard des racines sur la tige de ces plantes on garnira celle-ci de sphagnum mêlé par moitié à des fibres de polypode.

Le rempotage doit s'effectuer de février à mars, sauf pour les *A. Scherzerianum* exigeant d'être rempotés à l'automne.

Arrosements, engrais, bassinages, chaleur, humidité, lumière. — Les *Anthurium* demandant beaucoup d'eau, les arrosements doivent être nombreux pendant toute la période végétative de ces plantes, c'est-à-dire de février en novembre, et encore, en hiver, ne faut-il que peu réduire l'arrosage, car ce sont des Aroïdées qui semblent devoir être toujours en végétation ; il vaut néanmoins mieux leur donner un peu de repos, qui leur est toujours profitable.

L'eau des arrosements doit être à la température de la serre, et si l'on possède de l'eau de pluie, elle ne sera que préférable; elle est indispensable pour les bassinages parce qu'elle ne tache pas les feuilles. Ceux-ci doivent être faits au moyen d'une seringue fine qui répande l'eau en pluie. On les administre de mars en octobre, deux et même trois fois par jour pendant les journées ensoleillées, mais il ne faut plus bassiner après trois ou quatre heures de l'après-midi, car l'eau n'aurait plus le temps de s'évaporer avant la nuit. On bassine lorsque le soleil luit en hiver, mais très légèrement et seulement vers le milieu du jour. Autant que possible, il faut éviter de mouiller les fleurs des *Anthurium*.

Appliqué judicieusement et avec raison, l'engrais donne de très bons résultats, autant pour les variétés à fleurs que pour celles à feuillage. Nous employons exclusivement la bouse de vache délayée dans l'eau à 1 dixième, jusqu'à concurrence de 1 litre pour 5 litres d'eau. L'arrosage à l'engrais s'applique à partir d'avril jusqu'en octobre, une, puis deux fois par semaine; on peut essayer l'engrais humain à faible dose sur les espèces à grand feuillage comme les *A. Veitchi*, *crystallinum*, *Laucheanum*, mais en agissant avec retenue et progression.

Les *Anthurium* aiment beaucoup l'humidité aussi

bien atmosphérique que terrestre; voici comment nous la leur procurons :

Notre serre à Aroïdées est haute d'environ 4 mètres et large de 7; elle est à deux versants et orientée du nord au midi ; on accède à l'intérieur par une double porte formant tambour; une tablette de 0 m.90 de largeur garnit chaque côté de la serre et encadre un sentier circulaire de 1 mètre de largeur; la partie centrale est occupée par un gradin à 2 versants parallèles à 1 m.40 de distance du vitrage; ce gradin repose sur une construction en maçonnerie haute de 1 mètre et dont le fond est cimenté et rempli d'eau sur une hauteur de 30 centimètres; presque à cette même hauteur circulent 4 tuyaux de chauffage qui se trouvent ainsi baignés aux deux tiers par l'eau. Il sé dégage continuellement, lorsqu'on chauffe, de la buée qui humidifie l'air toujours trop aride; lorsque nous ne voulons pas obtenir celle-ci, soit pour la floraison des *Anthurium*, soit pour leur repos, nous baissons à volonté, le niveau de l'eau au moyen de bouches d'écoulement établies à cet effet

Il existe des bouches d'air de chaque côté de la serre et presque rez-terre; l'air en entrant est obligé de se réchauffer aux tuyaux de chauffage qui se trouvent placés sous la tablette; des châssis d'aération sont aussi disposés près du faîtage et s'ouvrent à volonté.

Sur la partie supérieure du gradin nous plaçons nos *Anthurium* à feuillage ornemental tels que les *A. Veitchi*, *Warocqueanum*, *regale*, *crystallinum*, les *Alocasia* vigoureux, en somme toutes les espèces dont le feuillage ample et de grandes dimensions, aux feuilles quelquefois réfléchies, gagne beaucoup à recevoir de la lumière de tous côtés, et à ne pas prendre de *face*.

Plus bas nous disposons d'autres plantes du même genre, moins vigoureuses ou plus petites ; la tablette circulaire est garnie d'*Anthurium* floraux, d'*Homalonema* de *Spathiphyllum*, etc., alors que l'encadrement de la porte se trouve décoré par le curieux *Pothos celatocaulis*. Qu'on ajoute à cela des Fougères poussant un peu partout, des Sélaginelles, on aura une faible idée du beau coup d'œil que peut offrir une serre de ces végétaux.

L'eau nous est fournie par deux bassins, l'un pour l'eau de pluie provenant des gouttières établies autour de la serre, l'autre d'eau de source, traversés tous les deux par un tuyau de chauffage qui maintient le liquide à une bonne température.

Les *Anthurium*, comme toutes les Aroïdées des pays chauds, aiment la lumière, mais craignent l'ardeur des rayons directs du soleil. Nous procurons à nos plantes le plus de lumière possible, et voici comment nous procurons l'ombrage : nous avons déjà dit que notre serre était exposée de telle façon que chaque versant reçoit le soleil une demi-journée, et partant de là, qu'aucune plante n'en est privée.

A partir de mars, nous posons des claies mobiles comme celles employées pour les *Caladium du Brésil;* ces claies sont déroulées de 8 h. 1/2 du matin jusqu'à 2 heures du soir sur le versant est, de 10 h. 1/2 du matin jusqu'à 4 heures du soir sur le versant ouest. Pendant les journées sans soleil, on ne descend généralement pas les claies; vers le commencement de juin, nous bassinons légèrement le vitrage avec la seringue, d'une solution composée de blanc d'Espagne délayée dans du petit-lait. Notre serre est aérée le matin par la bouche d'air du bas du côté ouest, et la soirée par celle du côté est, on ne donne de l'air par en haut que pendant les fortes chaleurs et lorsque la température intérieure dépasse 30 à 35° centigrades. La ventilation est d'ailleurs variable suivant les serres, et il ne peut être donné de notions précises à ce sujet; c'est au jardinier intelligent à l'adapter convenablement aux lieux.

Le degré de chaleur que nous donnons à nos plantes est le même que celui octroyé aux *Alocasia*, *Caladium du Brésil*, etc., il doit peu varier entre 22 et 25°, et même davantage, le jour, et 23 à 20° au minimum, la nuit. En hiver, on peut baisser la moyenne de 1 à 3 degrés.

Il nous reste à dire quelques mots au sujet des *Anthurium* caulescents, devenant grimpants avec l'âge et qui exigent alors un support quelconque pour les maintenir en cet état.

Un tronc mort de fougère est garni sur toute sa surface de *sphagnum* mêlé à un tiers de fibre de *polypode*; cette mousse est retenue au moyen de mince fil de fer; il est placé ensuite dans le milieu d'une caisse que l'on remplit du compost favorable aux *Anthurium*; le dessus du tronc est garni d'une Broméliacée épiphyte quelconque et la surface moussée de quelques petites fougères peu délicates comme des *Adiantum*, *Pteris*, etc. On plante ensuite dans la caisse des *Anthurium* pouvant grimper comme l'*A. Andreanum*, *carneum*, *ferrierense*, *scandens*, etc. Les tiges des plantes sont attachées contre le tronc de fougère, jusqu'à ce qu'elles aient émis des racines adventives qui s'implanteront dans la mousse et serviront à maintenir ces dernières. Bien placée dans une serre, à l'entrée, on peut obtenir un magnifique résultat avec cette pyramide de feuillage et de fleurs aux couleurs brillantes et d'un contraste frappant; nous nous rappelons encore avec plaisir quelle jolie garniture nous avons obtenue de cette façon. La culture de certains *Anthurium* acaules comme plantes épiphytes ne nous paraît pas impossible puisque M. E. André a trouvé l'*A. Andreanum* vivant sur le tronc d'un *Ficus elliptica*.

On est donc tenté de croire qu'il ne serait pas si difficile d'obtenir dans nos serres un résultat analogue. Rien ne prouve que l'*A. Scherzerianum* ne prospérerait pas planté dans un tronc d'arbre avec de la mousse et de la terre. Dans des niches pratiquées dans un mur, à côté de Broméliacées, n'est-il pas possible d'utiliser quelques-unes de ces plantes pour l'ornementation aérienne?

Les applications sont d'ailleurs variées et nombreuses, qui offrent de tenter cette culture.

Cultivé en panier comme les *Nepenthes*, l'*A. Scherzerianum*, nous l'avons déjà dit, doit pouvoir vivre avec succès et épanouir ses magnifiques fleurs au milieu de délicates Fougères plantées avec lui.

C'est à l'imagination du jardinier qu'appartient ce rôle d'employer les plantes qu'il cultive de manière à faire valoir leurs mérites respectifs de la façon la plus artistique.

MULTIPLICATION

On propage les *Anthurium* : 1° par le semis de graines; 2° par le bouturage des tiges et des bourgeons; 3° par le marcottage aérien.

Les graines d'*Anthurium*, comme en général celles de toutes les autres Aroïdées, doivent être semées sitôt leur maturité et de la même façon qu'il est dit pour les *Caladium* du Brésil. Lorsque les jeunes plantes ont une ou deux feuilles, on les repique de nouveau en terrines et dans le même compost qui a servi aux semis, en les espaçant de 2 centimètres environ.

Les terrines sont replacées sous châssis à l'étouffée; puis, quand les plantes commencent à se toucher, on les empote en petits godets à boutures avec un bon drainage et dans le compost favorable aux Aroïdées. Elles sont alors placées le plus près du vitrage possible où elles reçoivent les soins relatifs à leur nature. On rempote les plantes au fur et à mesure des besoins; mais elles n'acquièrent leur développement normal quelquefois seulement qu'au bout d'un certain nombre d'années, surtout pour les espèces à feuillage ornemental.

Les *Anthurium* floraux issus de graines fleurissent généralement après deux, trois ou quatre années de semis.

La caractérisation est quelquefois très lente à se manifester; ainsi de jeunes semis de graines donnent la première année qu'ils fleurissent des spathes souvent petites, mal faites ou indistinctement colorées, alors que les mêmes plantes adultes produisent plus tard des fleurs beaucoup plus grandes et plus belles.

La multiplication par le bouturage des tiges et des bourgeons est, avec le marcottage, le moyen le plus rapide pour propager les espèces caulescentes ou grimpantes.

On distingue les boutures de tête et celles faites avec les tronçons de tiges généralement pourvus d'une feuille seulement, qui émet plus tard un bourgeon à son aisselle.

Cette opération doit se faire en mars; la tige à bouturer est coupée le plus haut possible et plutô dans une partie herbacée, toujours sous un nœud ou feuille; quelquefois même ces parties de la tige sont pourvues de racines adventives; on la plante dans un godet à bouture rempli de deux tiers de sphagnum mélangés à un tiers de racines de polypode.

S'il existe des boutons à fleur, on les supprime et la bouture, si cela est nécessaire, est maintenue droite avec un tuteur. On la place dans la vitrine de la serre à multiplication, à l'étouffée et à la chaleur de fond et des bassinages sont donnés deux ou trois fois par jour.

La reprise est facile et rapide (quatre à cinq semaines environ), et les plantes ont vite besoin d'un rempotage qui puisse leur procurer la nourriture nécessaire. Le bouturage par tronçons de tiges diffère du premier en ce que toutes les parties aériennes de la plante sont employées.

A cet effet, on coupe des tronçons possédant au moins une feuille ou la cicatrice de celle-ci; la partie inférieure est coupée le plus près du nœud et piquée soit dans un lit de sphagnum, de gravier ou de cendres, à même le sol ou en godet; ils émettent vite des racines à la base du nœud qu'on leur a laissé.

Ce mode de propagation est couramment mis en pratique pour les *A. Andreanum*, *carneum*, *ferrierense* et autres.

La multiplication par le bouturage des bourgeons est surtout employée pour les espèces acaules ou à tige réduite, qui développent quelquefois des bourgeons latéraux qu'on est bien aise de posséder pour multiplier.

Lorsque ces bourgeons ne sont pas développés, on a recours à la suppression du bourgeon central qui favorise la sortie de ces derniers.

Quand ils possèdent une ou deux feuilles, on les sépare en ayant soin de bien enlever un talon ou petite portion de la tige mère. Ces boutures sont placées sous châssis, empotées en petits godets, dans du sphagnum mêlé à un peu de fibre de fougère. L'enracinement est rapide.

Le marcottage aérien diffère de celui pratiqué sur les *Dieffenbachia* en ce que l'on n'emploie pas de pot, mais simplement des touffes de sphagnum mêlées à des fibres, formant pelote, et que l'on pose près de l'insertion d'une feuille; ces pelotes sont bassinées journellement et il n'est pas rare de voir au bout de quelques mois les racines se montrer et demander le sevrage d'avec la plante mère.

Celui-ci se fait aussitôt que l'on s'aperçoit que les racines sont suffisantes pour la nourriture de la marcotte; quelques jours avant on pratique le sevrage graduel, puis on coupe entièrement la tige enracinée, qui est de suite rempotée dans le compost nécessaire, placée dans la vitrine et soumise à tous les soins que nécessite son état.

Arisœma, Mart.

Le genre *Arisœma*, Mart., de *aron*, Arum, et *sana*, type, renferme environ une cinquantaine d'espèces de plantes herbacées originaires de l'Asie, de l'Amérique du Nord et une de l'Abyssinie, dont la plupart sont de serre froide, ou rustiques, rarement de serre chaude.

Ce sont des végétaux très voisins des Arum et se

cultivant et se multipliant de même, mais, en général, d'un intérêt secondaire au point de vue ornemental.

L'*Arisæma fimbriatum*, Masters, originaire des îles Philippines et introduit en 1884, de serre chaude, est remarquable surtout par son spadice long, retombant, garni de filaments purpurins, entouré d'une spathe pourpre foncé rayé de blanc. Feuilles à 3 lobes.

L'*A. Wrayi*, originaire de l'Abyssinie, a des pétioles verts marbrés de brun. Serre chaude.

Caladium, Vent.

Le genre *Caladium*, nom emprunté à Rumphius? ou du grec *Kalos*, qui veut dire beau, par allusion à la beauté du feuillage, ou plus vraisemblablement de *Kalatos*, qui veut dire petite corbeille, petit panier, par allusion à la forme des spathes, fondé par Ventenat, ne comprendrait que dix espèces de plantes vivaces tuberculeuses, originaires de l'Amérique tropicale et australe.

Ce sont des végétaux à feuilles peltées, hastées, marquées au-dessous d'un réseau de veines; hampes solitaires, allongées, terminées par une spathe blanchâtre, convolutée, droite; spadice portant les organes des deux sexes sur deux points espacés, avec des organes rudimentaires au-dessous des étamines; anthères disposées en groupes nombreux formés en verticille autour d'un support tronqué et en massue, ovaires nombreux, serrés, libres, stigmate terminal, sessile, discoïde. Baie à une ou deux loges contenant peu de graines anguleuses.

ESPÈCES (1)

Caladium bicolor. Vent. Brésil. 1773. Feuilles peltées, cordiformes, colorées de rouge au centre.

C. esculentum = *Colocasia esculenta*.

C. nymphæfolium = *Colocasia nymphæfolia*.

C. odorum = *Colocasia odora*.

C. sagittifolium = *Xanthosoma sagittifolia*.

C. violaceum. Desf. Antilles. Feuilles peltées-cordiformes, vert glauque en dessus ; violet rougeâtre, glaucescent sur la page inférieure et le pétiole. (Culture identique à celle du *Colocasia esculenta* et mêmes emplois ; un peu plus délicat cependant sous le climat de Paris.)

Fig. 13. — Caladium violaceum.

Le premier *Caladium* fut décrit en 1789 par Aiton sous le nom d'*Arum bicolor*.

D'après ce que dit cet auteur dans l'*Hortus Kewensis* de cette année-là, il aurait été introduit de Madère en Angleterre en 1773 ; d'après Ventenat, il

(1) Les avis sont partagés, quant à la distribution des Caladium en espèces ; certains auteurs admettent comme telles les : *C. argyrites*, *Ch. Lem.*, 1857, Para. *Chantini*, *Ch. Lem.*, 1857, Para. *Hardi*, Para. *Leopoldi*, 1864, Para. *macrophyllum*, 1862, Para. *maculatum*, 1820, Amérique du Sud. *marmoratum*, *Verschaffelti*, 1858, Para. *Wallisi*, 1864, Para.

D'autres, au contraire, ne voient dans ces plantes que des variations du *C. bicolor*.

aurait été découvert en 1767 par Commerson, dans les environs de Rio-de-Janeiro et se trouvait en 1785 au Jardin des Plantes de Paris. Ce fut Ventenat, professeur à ce Jardin, qui, trouvant que cette plante était assez différente des Arum, créa le genre *Caladium*.

Les auteurs ne sont pas d'accord sur l'origine de ce nom, que les uns croient être indien alors que d'autres le font dériver du grec *Kalos*, qui veut dire beau, par allusion sans doute à la beauté du feuillage de quelques espèces; une origine plus vraisemblable fait dériver *Caladium* du mot grec *Kalatos*, qui veut dire petite corbeille, petit panier, par allusion à la forme des spathes de ces plantes.

Dans la notice du Jardin des Plantes de Genève, De Candolle père parle des *Caladium pellucidum* et *pictum* et ne les considère que comme des variétés du *C. bicolor* de Ventenat. A citer aussi en 1870 le *C. maculatum*, à feuilles érigées, ponctuées de blanc. En 1832, Schott décrit le *C. Parile;* en 1841, Kunth, dans sa monographie des Aroïdées, appelle l'attention sur une sorte à taches rouges qu'il appelle *C. hæmatostigma* (taché de sang) et qu'il croit être une variété du *C. bicolor*.

Jusqu'en 1853 on ne connaît guère que les espèces précitées qui aient le feuillage coloré.

En 1857, MM. Baraquin (deux cousins) et M. Petit, trois voyageurs français, envoyèrent des bords de l'Amazone, au Para, la plus septentrionale et la plus vaste des provinces du Brésil, à M. Chantin, horticulteur à Montrouge près Paris, des tubercules de huit plantes différentes, à feuilles diversement maculées.

Ces *Caladium* sont :

C. argyrites. Ch. Lem. 1857. Para.

Feuilles petites, sagittées, à fond vert tendre, blanches au centre et sur les bords, parsemées sur tout le limbe de taches blanches irrégulières. Charmante petite espèce.

C. Chantini. Ch. Lem., 1857. Para.

Fig. 14. — Caladium Chantini.

Feuilles entièrement carmin brillant, maculées de blanc et bordées de vert foncé.

C. Neumanni. Ch. Lem., 1857. Para.

C. Brongniarti. Ch. Lem., 1857. Para.

C. argyrospilum. Ch. Lem., 1857. Para.

C. Verschaffelti. Ch. Lem., 1857. Para.

Feuilles un peu cordiformes, vert brillant foncé, irrégulièrement tachées de rouge vif.

C. Houlleti. Ch. Lem., 1857. Para.

C. thripedestum. Ch. Lem., 1857. Para. = *C. marmoratum*.

M. Ch. Lemaire décrit dans le cahier d'octobre du même journal les *C. subrotundum* et *hastatum*; peu après on annonce les *C. Perrieri*, *Belleymei*, *Baraquini*, *picturatum*, *Troubetskoy*, mis au commerce par M. Chantin et provenant d'introductions brésiliennes.

En 1861, 1862, 1863, apparaissent successivement les *C. Lemaireanum*, *Devosianum*, *Hardi*, *Kochi*, *macrophyllum*, *rubrovenium*, *Wallisi*, tous d'origine brésilienne.

Parmi les *Caladium* importés il en est certainement qui, d'après l'avis de botanistes éminents, ne méritent pas la distinction spécifique et doivent être rangés comme de simples variations du *Caladium bicolor* de Ventenat; aujourd'hui encore il y a controverse à ce sujet et les opinions sont diversement partagées, qui admettent où finit l'*espèce* et où commence la *variété*.

Il est en effet difficile d'admettre comme espèces des plantes qui ne diffèrent entre elles que par la taille, la forme ou la coloration du limbe; on peut même se poser cette question : quelle preuve existe-t-il qui démontre que le *Caladium bicolor* de Ventenat soit l'ancêtre, le type des C. à feuillage coloré, cultivés aujourd'hui, par cette seule raison qu'il a été le premier importé en Europe? Le type du *Caladium* ne peut-il pas être même une plante à feuilles complètement vertes, telle qu'on en trouve quelquefois dans des semis, provenant de variétés à feuilles colorées?

D'après l'opinion de M. Bleu, ces plantes doivent provenir d'un même *type spécifique*, variable dans ses formes et dont il est impossible de retrouver, même à l'état naturel, le sujet primitif.

Fig. 15. — Caladium maculatum.

Dans de semblables conditions, il est plus juste et plus rationnel de réunir sous une appellation commune tous ces végétaux, sans distinction botanique, et de les appeler *Caladium bulbosum*, comme le fait d'ailleurs avec raison l'auteur précité.

Pour en revenir à notre sujet, peu après cette époque a lieu l'apparition des premiers hybrides de ces plantes et nous avons demandé à ce sujet, à leur obtenteur, M. Bleu, de bien vouloir nous donner quelques renseignements inédits, que nous sommes heureux de reproduire dans la lettre qui suit et dont tout le monde appréciera l'intérêt historique :

« C'est en 1861 que j'ai cultivé les premiers Caladium et c'est en 1862 que j'ai pu obtenir les premières graines et fait le premier semis, qui a été pratiqué le 2 septembre. Ces graines étaient le produit du *C. Pœcile anglais* (plante très récemment importée) par *C. Chantini*.

« Les variétés que je possédais à cette époque étaient les suivantes :

C. Brongniarti
— *Chantini*
— *argyrospilum*
— *bicolor*
— *Neumanni*
— *Pœcile*
— — *anglais*
— *hastatum*
— *Verschaffelti*.

« En 1863, j'augmentai ma collection par l'addition des :

C. Belleymei
— *argyrites*
— *Testoni*
— *Baraquini*
— *Troubetskoy*
— *picturatum*.

« Ce fut en 1865 que je fis le croisement du *C. Belley-*

mei avec un métis du *Pœcile anglais* × *C. Verschaffelti*, obtenu en juin 1863.

« C'est de cette opération que sortirent les variétés : *Duc de Ratibor*, *Agrippine Dimitri*, *Meyerbeer*, *Prince Albert-Edouard*, *Leplay*, qui obtiennent le plus grand succès à l'exposition universelle de 1867 et font actuellement encore bonne figure dans une collection de choix. C'est également en 1865 que prit naissance la variété toujours si remarquable : *Princess of Teck*, issue de la fécondation du *C. Baraquini* × *Testoni*.

« Mais depuis ces derniers résultats que de modifications apportées dans les dessins et coloris : les types crème dont *Mme Lemoinier* fut le point de départ, les limbes complètement rouges, tels que : *Mme Miljana*, *Mistress Harry Veitch*, *cardinale*, *Michel Buchner*, *Aurore boréale*, etc. ; les rouges mouchetés blanc ou rose comme : *Comte de Germiny*, *Léon Say*, *Baron Adolphe de Rothschild*, *Ville de Laon*, etc. ; les variétés transparentes et nacrées avec nervures vertes : *La Perle du Brésil*, *Mme Willaume*, *lucidum*, etc. ; celles de même genre aux nervures blanches : *Duchesse de Mortemart*, *Le Grand Succès*, *Gabrielle Lemoinier*.

« C'est de *Mme Willaume* et de *Félicien David* (ce dernier issu de *Boïeldieu* × *Duchartre* qu'est né l'*Ibis rose* et *Lilli Burk*, tous deux absolument splendides.

« Si nous examinons les fonds blanc transparent aux nervures rouges, blanc lavé de rose, rose transparent, les modifications ne sont pas moins frappantes. A cette section se rattachent les : *Mme Marjolin-Schœffer*, *Mme Fritz-Kœchlin*, *Souvenir de Lille*, *Mme Jean Linden*, *Comtesse de Maillé*, *Comtesse de Lesseps*, etc. ; les bicolor encadrés de blanc crème :

Raymond Lemoinier, *John Laing*, *L'Aurore*. Les fonds vert jaune ou mieux jaune vert doré unicolore ou moucheté, tels : *luteum auratum*, *Rayon d'or* pour les premiers, *M. Chaber* pour les seconds.

« Les nouveaux types violets avec ou sans macules blanches : *M. Brion Wynne*, *Souvenir de Mme Gibon*. »

La lettre montre bien le chemin parcouru depuis l'introduction des premiers *Caladium* à feuillage coloré, et, si l'on compare aujourd'hui l'ancien *C. bicolor* de Ventenat et les autres introductions faites vers 1857, avec les splendides variétés actuelles, on est frappé malgré soi de ce que la persévérance et la science des semeurs peuvent influer sur la destinée d'une plante.

Il est vraiment peu de végétaux auxquels la fécondation artificielle ait réservé de si grandes surprises, et, devant le résultat acquis, nous pouvons être heureux que ce soit surtout à un Français que revienne l'honneur d'avoir obtenu ces belles plantes et d'ajouter ainsi une page brillante au livre d'or de notre Horticulture nationale.

Généralement, on ne désigne ces végétaux que sous leur substantif générique, car celui-ci suffit pour les décrire à notre imagination. Les *Caladium!* tout le monde les connaît et les indifférents même les regardent !

Que l'on demande à l'amateur ce qu'il pense d'eux et de leur culture, il répondra de suite qu'il les aime pour leur beauté et les cultive pour leur facilité et le résultat qu'il obtient d'eux : avec de la chaleur et de l'arrosage, un peu de soins, il garnit ses serres froides, vides pendant l'été, de ces Aroïdées qui ne sont jamais encombrantes en hiver. C'est pour lui l'idéal rêvé : avec eux pas de déceptions ; ce qu'il a espéré est devant lui ; il a vu grandir ces plantes et lui donner la satisfaction demandée ; ces tubercules nus qu'il a mis en végétation sur couche, il les a vu développer des pétioles vigoureux, porteurs de ces limbes étonnants où le pinceau de la fantaisie s'est tant plu à courir de tous côtés, à border, à ponctuer, à veiner, à barioler tantôt régulièrement, tantôt sans ordre, tantôt avec un pinceau blanc, ou jaunâtre, ou rose, ou cramoisi, ou pourpre, ou violet, le vert foncé des feuilles. Là, l'une d'elles semble être elle-même une palette, ici, un voile de gaze tant elle est diaphane, plus loin une autre paraît tourmentée dans sa forme, alors que sa voisine étale une surface calme.

De loin, les variétés semblent se rapprocher et se confondre et pourtant, de près, pas une ne peut être comparée à l'autre. C'est ce qui fait la beauté des *Caladium* que la diversité de leurs nuances et les formes que celles-ci revêtent. Leur vue intéresse ou étonne l'esprit en ne le fatiguant jamais ; quant aux yeux, ils ne peuvent se lasser, car ils n'ont pas le loisir de s'arrêter sur un tableau uniforme et s'ils éprouvent une fatigue, c'est parce qu'ils ont à regarder trop de variété à la fois.

Mais tous ces beaux coups de pinceau seraient peut-être nuls et sans effet s'ils n'étaient donnés sur une toile aussi fine et légère que celle des feuilles de *Caladium!* L'un semble avoir été créé pour l'autre ; il est vrai que cette alliance était indispensable pour que l'harmonie fût complète !

Si l'on passe maintenant de l'éloge à la critique, on peut voir que celle-ci — si toutefois c'en est une — n'attaque les *Caladium* que du côté esthétique ; la voici, en résumé, de la bouche d'un bonhomme à qui je montrais ces plantes : « Bon Dieu! qu'est-ce qu'on ne fabrique pas aujourd'hui! »

On reproche, en effet, à ces Aroïdées d'avoir l'air trop peu *naturelles* et l'on objecte qu'elles ressemblent un peu trop à ces imitations en papier coloré qu'on leur oppose comme ensemble et qu'on débite pour quelques sous dans les rues. Mais alors cette critique peut se reporter sur nos plus jolis bijoux horticoles : les *Anectochilus*, les *Begonia rex*, les *Bertolonia*, les *Sonerila!*

Il est vrai qu'une collection entière placée sous les yeux peut donner cette fâcheuse impression au profane, alors qu'une plante isolée çà et là parmi d'autres genres végétaux lui produirait un effet tout autre. En bloc, le public voit trop que ces feuilles ont été travaillées de main humaine — de là sa critique — car il ne peut apercevoir les beautés que l'initié y découvre.

Les *Caladium* ne font pas partie de l'horticulture marchande proprement dite, car ce ne sont pas des végétaux d'appartement dans le sens vrai du mot; et si on les emploie comme tels, ce ne peut être que pendant quelque temps et jamais à leur avantage, mais ils sont un des plus beaux joyaux de l'Horticulture artistique ornementale.

Le nombre des variétés de *Caladium* est très grand et c'est surtout à M. Bleu que nous sommes presque en particulier redevables de toutes ces magnifiques plantes qui ornent maintenant toutes les serres.

Les *Caladium* sont d'une culture attrayante, dans toute l'acception du terme; ils récompensent avec usure des soins qu'ils demandent et ces soins ne sont ni difficiles ni particuliers.

Que l'on ne croie pas que ce soit là une opinion

émise par un amoureux de ces végétaux ou une idée née d'un esprit enclin à louanger ce qui est encore en vogue ; tous ceux qui connaissent les *Caladium* les cultivent, comme il suffit de les voir pour les aimer!

LISTE GÉNÉRALE DESCRIPTIVE DES CALADIUM OBTENUS PAR M. A. BLEU (1).

Adolphe Adam. — Fond blanc d'argent transparent avec nervures principales rose tendre. 1868.

Adolphe Andrieu. — Feuille vert-pomme semée de nombreuses macules rouges cramoisi; nervures et centre gris bleuté strié de rouge. 1869.

Agrippine Dimitri. — Feuille allongée, hastée, à fond blanc pur, parfois largement plaquée de vert foncé, avec nervures rose violacé. 1877.

Aïda. — Fond rose transparent, sur lequel court un réseau de nervures vertes. 1882.

Albo-luteum. — Feuille ample, allongée, complètement blanc crème. 1881.

Alcibiade. — Feuilles ample à nervures et centre rouge brillant, parsemé de très larges macules blanches. 1875.

Alcide Michaux. — Feuille arrondie à nervures rouge carmin, entouré de rouge violacé et maculé de blanc. 1868.

Alfred Bleu. — Feuille arrondie, à nervures et centre rose carné, entouré de vert sombre, largement maculé de blanc pur. 1868.

Alfred Mame. — Superbe variété à feuille allongée,

(1) C'est à la grande obligeance de M. A. Bleu que nous devons de pouvoir reproduire les descriptions suivantes, extraites de son catalogue, ainsi que les dates indiquant l'année de l'obtention de chaque variété. (J. R.)

ayant les nervures et le centre rouge sombre entourés de vert bronzé ; macules roses. 1874.

Alice Flemming. — Feuille ondulée à nervures et centre rose rouge, passant au rose tendre en se fondant dans le vert clair de la zone extérieure. 1878.

Alice Van Geert. — Très vigoureuse variété à feuille ample qui se distingue par son fond blanc crème, translucide, parfois largement plaqué de vert foncé, parcouru de fines nervures rose tendre. 1886.

Alphand. — Feuille allongée à centre rouge très éclatant, encadré de vert gai parsemé de très nombreuses macules rouge foncé. 1868.

Alphonse Karr. — Feuille ovale arrondie à nervures rouge cramoisi, entouré de rouge violet séparé du vert pomme de la circonférence par une zone vert très clair ; macules rouge minium foncé 1869.

Alzire. — Feuille cucullée, arrondie, largement colorée en rouge violacé très vif et transparent, entouré de vert Paul Véronèse. 1883.

Amalthée. — Feuille très ample, à fond blanc largement plaqué de vert gai. 1881.

Amœnum. — Feuille ample, dont le rose légèrement violacé est entouré d'une marge vert-pomme. 1881.

Andromaque. — Feuille cordiforme à fond blanc pur et nervures principales rouge carminé entouré de rose violacé. 1892.

Anna de Condeixa. — Feuille ample à fond rose ponctué de blanc crème, à sa jonction au vert clair de la circonférence. 1881.

Annibal. — Feuille cucullée, arrondie, à limbe

rouge écarlate légèrement transparent et encadré de vert doré. 1878.

Apelles. — Feuille allongée, dont les nervures principales, rouge violacé très vigoureux, font un brillant contraste avec le vert sombre du limbe. 1882.

Aréthuse. — Feuille allongée, fond blanc rosé marginé de vert; avec nervures laque rouge. 1881.

Aristée. — Feuille ayant les nervures et le centre rouge carminé intense entouré de vert très clair avec bordure vert foncé parsemés de macules blanches. 1877.

Aristide. — Feuille allongée largement marquée de rose rouge au centre avec encadrement vert pomme. 1876.

Arsinoë. — Feuille hastée à fond blanc lavé de rose chiné de vert foncé; nervures principales rouge corail. 1873.

Artémise. — Feuille ample à fond vert bleu abondamment maculé de blanc; nervures et centre rose frais 1880.

Atala. — Feuille ovale arrondie; fond rose transparent très frais, rehaussé de plaques vert foncé. 1885.

Auguste Carpentier. — Splendide variété dont le centre de la feuille rouge carmin éclairé de rouge clair est largement entouré de rouge violet et bordé de vert doré. 1882.

Auguste Lemoinier. — Feuille très ample, parcourue de fortes nervures rouge laque; fond blanc marqué d'hiéroglyphes vertes. 1877.

Auguste Rivière — Feuille dont le centre et les nervures blanc rosé, réticulé de rose rouge, est recouvert de nombreuses ponctuations rouge foncé, mélangées de grosses macules de même couleur, également semées sur le vert-pomme de la zone extérieure. 1867.

Aurore boréale. — Feuille ample, complètement rouge sombre métallique, marquée de fortes nervures rouge plus clair. 1882.

Baraquini bucéphale. — Feuille bicolore à centre rouge foncé bordé de vert bronzé; le limbe contourné vers les ailes rappelle une tête de bœuf. 1868.

Baraquini superbum. — Même coloris et dessin à feuille régulièrement ouverte. 1868.

Barillet. — Feuille tricolore rouge carminé au centre, entouré de vert clair avec zone excentrique vert foncé. 1870.

Barral. — Fond de la feuille vert gai, avec nervures rose vif et nombreuses macules rose rouge. 1866.

Baron Adolphe de Rothschild. — Plante superbe à feuille ample, ovale arrondie, rouge cramoisi éclairé de rouge brillant à reflets irisés, orné de larges macules rose vif. 1893.

Baron de Rothschild. — Feuille allongée à nervures et centre rouge brillant bordé de vert; nombreuses macules rouges. 1868.

Baronne Clara de Hirsch. — Feuille allongée, dont le fond blanc crème est constellé de très nombreuses macules roses, avec nervures rouge brun. 1891.

Baronne James de Rothschild. — Feuille ample complètement rouge rose nuancé de rose clair transparent. 1879.

Bellone. — Feuille largement marquée de rose à reflets violets transparents; zone extérieure vert doré nuancé de bronze dans la partie interne. 1882.

Beethoven. — Feuille très allongée à limbe blanc

pur, parcouru de très fines nervures vertes; nervures principales vert clair strié de rose violacé. 1867.

Bérose. — Feuille quadricolore à nervures principales rose tendre entouré de rose vif; centre rouge violet bordé de vert clair; zone extérieure vert-pomme.

Bicolor fulgens. — Limbe à centre rouge vif encadré de vert mat. 1867.

Bicolor sericeum. — Superbe feuille, largement colorée au centre de rouge intense avec bordure vert doré soyeux, 1885.

Boïeldieu. — Genre *bicolor* mais beaucoup plus brillant, comme rouge et comme vert. 1857.

Bosphore. — Très vigoureuse variété à feuille ample, chaudement colorée de rose rouge avec nervures blanc rosé encadré vert-pomme. 1883.

B. S. Williams. — Feuille arrondie à limbe rouge écarlate pointillé blanc et vert, relevé de fortes nervures carmin pur. 1885.

Burel. — Feuille allongée, à nervures rouge pourpre largement entouré de pourpre violet encadré de vert anglais avec macules rouge purpurin. 1872.

Calypso. — Feuille très brillante à nervures laque écarlate et fond vert Paul Véronèse parsemé de très nombreuses et larges macules blanches, parfois lavées de rose vif. 1877.

Candidum. — Feuille obcordée à limbe complètement blanc pur, entièrement recouvert d'un réseau très régulier de fines nervures vert bleu. 1881.

Caracas. — Feuille ovale allongée; nervures rose rouge entouré de rose clair; fond blanc ponctué de vert foncé. Cette curieuse variété montre souvent la moitié de son limbe et parfois plus, jaune doré verdâtre. 1892.

Cardinale (prononcez *Cardinalé*). — Feuille ample, complètement rouge doré, excepté vers la bordure, où se mélange un riche vert également doré. 1881.

Cérès. — Charmante variété à centre rose saumoné vif, entouré d'une zone bronzée bordée de vert doré. 1874.

Chactas. — Centre rouge cinabre foncé, avec bordure vert doré superbe. 1884.

Chantini fulgens. — Feuille ample, à fond rouge violet foncé; nervures rouge sang; nombreuses macules roses semées sur tout le limbe, dont la circonférence est vert bleu très foncé. 1865.

Charles Verdier. — Feuille allongée, dont les nervures et le centre rose tendre, encadrés de vert gai, portent de nombreuses macules également rose tendre translucide. 1866.

Charlemagne. — Plante très vigoureuse, à feuille ample complètement rouge cramoisi foncé, mélangé de rouge plus clair. 1884.

Chloé. — Feuille arrondie cucullée à nervures rose très frais, ainsi que le centre; large bordure vert anglais foncé et nombreuses macules blanc opalin. 1882.

Chloris. — Feuille ovale allongée, à nervures et centre rose laque clair, entouré de vert-pomme avec macules blanches. 1879.

Clio. — Feuille complètement rose translucide, fortement ponctué de carmin, principalement vers le centre; nervures vertes et macules rouges disséminées sur tout le limbe. 1878.

Comte de Germiny. — Plante trapue, feuille de 20 à 25 centimètres, complètement rouge doré, moucheté de blanc *extrêmement brillant*. 1885.

Comtesse du Berthier. — Feuille hastée à limbe

complètement blanc transparent rosé près de la nervure médiane, dont la couleur est vert foncé.

Comtesse de Brosse. — Ravissante variété, qui se distingue par son fond rose frais, sillonné dans toute sa feuille de nervures rouge carmin.

Comtesse de Condeixa. — Magnifique variété à fond rouge rose très vif chiné de vert et de blanc; nervures pourpre foncé.

Comtesse de Lesseps. — Superbe variété à feuille allongée, dont le fond rose vif est rehaussé de superbes nervures rouge carmin.

Comtesse de Maillé. — Admirable variété à feuille cucullée très vigoureuse, dont le fond blanc rosé transparent est sillonné de larges nervures laque rose, encadrées de rose violacé.

Coypel. — Feuille arrondie à limbe rose, principalement vers le centre; zone extérieure vert clair, parfois mélangé de blanc rosé.

Cypris. — Feuille allongée à nervures laque écarlate, largement entourées de pourpre violet, bordé de vert doré. 1882.

De Humboldt. — Feuille ovale allongée, à fond vert Paul Véronèse entièrement parsemée de macules hiéroglyphiques rouge cramoisi. 1870.

Darius. — Feuille arrondie acuminée, dont le limbe vert foncé est rehaussé de nervures rouge purpurin. 1882.

Delicatissimum. — Feuille très grande et très allongée; fond du rose translucide le plus frais, strié de vert; nervures laque rose. 1883.

Devinck. — Feuille ovale à nervures rose carné vif; fond vert glauque maculé de blanc. 1867.

Diane. — Feuille ample allongée, dont le centre laque rose rouge est encadré de vert doré. 1870.

Docteur Boisduval. — Feuille ample dont le fond vert clair, fortement nervé de rouge laque écarlate, est maculé de blanc pur. 1867.

Docteur Lindley. — Centre de la feuille rouge pourpre violacé, largement encadré de vert gai, parsemé de nombreuses macules blanches teintées de rose frais. 1867.

Donizetti. — Feuille moyenne ayant le centre rouge feu sombre, entouré de ponctuations rouges et jaunes, zone extérieure vert mat; macules roses. 1868.

Duc de Ratibor. — Feuille allongée cucullée, assez étroite, marquée de délicates nervures roses, fond blanc plaqué de vert sombre. 1868.

Duc de Cleveland. — Feuille ample à nervures et centre rose strié de rouge, fond vert-pomme maculé de rose rouge violacé. 1869.

Duchartre. — Fond blanc avec délicat réseau de nervures vert foncé, parfois maculé de rouge minium foncé. 1868.

Duchesse de Mortemart. — Feuille allongée très gracieuse, à limbe complètement blanc nacré translucide. 1884.

Édouard Moreaux. — Feuille arrondie à nervures blanc verdâtre, parfois rosé, entouré de rouge cramoisi; zone intermédiaire, vert clair bordée de vert-pomme, légèrement maculé de rouge. 1866.

E.-G. Henderson. — Feuille oblongue dont les nervures laque rose sont entourées de rose clair, fond vert anglais maculé de rose translucide. 1867.

Elsa. — Fond blanc lavé de rose, nervures vert foncé; macules rose rouge transparent disséminé dans toute la feuille, mais beaucoup plus nombreuses vers le centre. 1883.

Émile Verdier. — Feuille bien hastée, complètement rose transparent, plaqué de brun jaune verdâtre ; nervures vert sombre. 1874.

Ernest Caille. — Variété dont le centre de la feuille rose tendre se perd en une ponctuation rose et blanc verdâtre, en gagnant le vert-pomme de la circonférence. 1888.

Eucharis. — Charmante plante à feuille bicolore dont le centre, du rose le plus frais, est encadré de vert clair velouté. 1879.

Eurydice. — Magnifique et vigoureuse variété, dont la feuille ample, sillonnée de nervures vert bleu, est complètement translucide. Entre les nervures sont jetées quelques macules minium foncé. 1892.

Euterpe. — Feuille gracieusement allongée, centre rouge pourpre, nuancé de jaune à sa jonction au vert-pomme de la circonférence ; très nombreuses et larges macules blanches teintées de rose. 1871.

Faust. — Feuille à nervures et centre rouge sombre, largement encadré de vert bronzé, orné de nombreuses macules roses. 1882.

Félicien David. — Feuille arrondie, cucullée, sur le fond rose transparent duquel s'élèvent de fortes nervures rouge écarlate foncé encadré de vert clair mat. 1874.

Félix Petit. — Très brillante variété, dont les nervures rouges carmin largement entouré de rose rouge transparent, sont encadrées de vert doré. 1885.

Ferdinand de Lesseps. — Brillante variété à fond rouge foncé, estampé de vert doré. 1881.

Flammant rose. — Feuille très ample, arrondie, ayant les nervures et le fond rose brillant, nuancé de rose plus clair, réticulé de vert doré. 1895.

Flore. — Feuille ample, largement nuancée de rose carné violacé, encadré de vert clair. 1870.

Gabrielle Lemoinier. — Feuille ample allongée, complètement blanc d'argent, nuancé de blanc nacré transparent. 1887.

Gaspard Grayer. — Splendide variété, dont la feuille cucullée a son fond rouge très intense, encadré d'une étroite bordure vert irisé foncé. 1886.

Gaston Chandon. — Feuille ample à limbe entièrement blanc crème. 1886.

Gaze de Paris. — Feuille très allongée complètement translucide ; nervures vert très foncé. 1883.

Georges Berger. — Feuille allongée et cucullée, largement coloré de rouge écarlate bordé de vert doré. 1893.

Gérard Dow. — Feuille moyenne, dont les nervures et le fond sont rouge écarlate, avec réseau très régulier de nervures vert doré. 1880.

Glück. — Feuille gracieusement allongée, fond rouge pourpre foncé, translucide encadré de vert doré mat; nombreuses et larges macules rose rouge. 1882.

Gossec. — Feuille ample, dont le fond blanc nuancé de rose principalement vers le centre, est orné d'un réseau de fines nervures vertes; nervures principales laque rouge. 1883.

Gratiosum. — Feuille allongée dont le fond blanc encadré de vert clair est rehaussé de nervures laque rouge. 1879.

Grétry. — Feuille allongée à nervures et centre rouge pourpre, encadré de vert bleu foncé; nombreuses et très larges macules blanches. 1875.

Halévy. — Feuille cordiforme vert foncé, constellée de macules rouge purpurin, nervures principales vert jaune très clair. 1868.

Hastatum Wighti. — Feuille hastée, fond vert gai,

parsemé de macules blanc pur et rouge sang foncé mélangées. 1886.

Hébé. — Feuille cordiforme; nervures principales blanc de cire et centre blanc bleuté, encadré de vert gai constellé de macules blanc opalin. 1890.

Hérold. — Feuille cordiforme, dont les nervures principales sont rouge carminé, entouré de vert gris très clair, zone extérieure vert glauque moucheté de blanc pur. 1870.

Henriette Basset. — Variété très trapue, dont la feuille obcordée est blanc légèrement verdâtre, lavé de rose vers le centre. 1888.

Homère. — Brillante variété à feuille ample, dont les nervures rouge écarlate ressortent vivement sur le pourpre violacé du centre ainsi que sur le riche vert doré de la circonférence. 1891.

Horace. — Feuille mi-allongée, dont les nervures et le centre rose rouge violacé sont entourés de vert doré métallique 1883.

Hrubyanum. — Feuille gracieusement allongée à fond blanc pur, nervures vert brun entourées de rose très frais. 1886.

Ibis rose. — Feuille de moyenne grandeur, dont le limbe complètement rose rappelle la couleur de l'oiseau dont il porte le nom. 1879.

Ida. — Feuille ovale allongée; fond blanc lavé de rose, recouvert d'hyéroglyphes verts, nervures laque écarlate, entourées de rose violacé transparent. 1891.

Impératrice Eugénie. — Variété gigantesque à feuille ample, arrondie, dont les nervures et le centre rose tendre vaporeux est séparé du vert bleu velouté de la circonférence par une zone vert rosé très clair. 1867.

Isidore Leroy. — Feuille ample à nervures rouge pourpre violacé entouré de violet rouge largement encadré de vert soyeux à reflets irisés; çà et là quelques mouches rose translucide. 1866.

Isis. — Feuille de moyenne grandeur; nervures groseille ressortant vivement sur le fond blanc rosé parcouru d'un réseau de fines nervures violacées. 1883.

James Laing. — Variété très brillante à fond rose rouge, marqué d'hyéroglyphes verts. 1888.

John R. Box. — Feuille ovale allongée à limbe rouge bronzé sur lequel s'enlève le rouge laque entouré de rose frais des nervures. 1881.

John Laing. — Variété extrêmement brillante à centre rose rouge extra vif encadré blanc crème 1890.

John Peed. — Variété de très bon maintien à feuille bicolore, ayant le centre très largement coloré en rouge écarlate, transparent avec encadrement vert clair. 1894.

Jules Duplessis. — Feuille cucullée largement teintée de rose transparent superbe avec bordure vert clair mat, 1880.

Junon. — Feuille obcordée; nervures rouge cerise entouré de pourpre violet; large bordure vert doré mouchetée de blanc teinté de rose. 1874.

Jupiter. — Feuille ample à fond vert parfois fortement moucheté de rose; nervures rouge carminé foncé. 1878.

Keteleêr. — Feuille de moyenne grandeur largement colorée au centre de rouge brillant entouré de vert doré mat; macules blanches, lavées de rose. 1866.

Laingi. — Feuille légèrement arrondie à nervures

et centre du rouge carmin le plus chaud encadré de vert-pomme; nombreuses et larges macules blanc pur. 1872.

L'Albane. — Feuille très ample à fond blanc rosé nacré parcouru d'un réseau très régulier de nervures vertes. 1878.

L'Aurore. — Ravissante variété à feuille de moyenne grandeur laque rose rouge bordée de blanc crème (extra). 1883.

Lamartine. — Feuille moyenne; nervures laque rouge entouré de rouge brun violacé; fond vert métallique orné de macules rose frais. 1865.

L'Automne. — Feuille ample ovale allongée dont le fond entièrement blanc crème est parsemé de larges macules blanc bleuté translucide. 1884.

La Lorraine. — Splendide variété dont la feuille complètement rouge carminé est chinée de rouge brun. 1886.

La Nacre. — Feuille légèrement bouillonnée dont le centre rose carné très transparent, à reflets nacrés est encadré de vert très foncé et relevé de nervures carmin. 1885.

La Perle du Brésil. — Feuille arrondie blanc rosé de la plus grande transparence rehaussé de nervures vert brun. 1877.

Le Caravage. — Variété fort distincte, à feuille allongée hastée, dont le fond blanc est recouvert d'un superbe dessin hyéroglyphique vert foncé; sur lequel ressort vivement le rouge carmin rehaussé de rouge brun des nervures. 1872.

Le Corrège. — Feuille moyenne complètement rouge nuancé de blanc rosé, de rose et de vert doré. 1883.

Le Grand Succès. — Variété très vigoureuse dont

la feuille, blanc opalin dans toute son étendue, atteint les plus grandes proportions. 1887.

Le Nain rouge. — Charmante plante très trapue à feuille complètement rouge cuivre foncé. 1886.

Léopold Robert. — Feuille allongée à nervures rouge sang foncé largement entouré de pourpre violet; fond blanc recouvert d'un réseau de nervures vertes. 1881.

Leplay. — Feuille ample, hastée dont le fond blanc légèrement transparent est recouvert d'un léger réseau hiéroglyphique vert foncé; nervures violet rose. 1872.

Lepeschkinei. — Feuille moyenne, ovale arrondie à centre rouge brillant avec large bordure vert doré maculé de rose pur. 1872.

Le Titien. — Feuille obcordée, allongée, à nervures et centre laque rose éclairé de rose tendre translucide; fond vert doré mat quadrillé de rose. 1882.

Lillie Burke. — Variété trapue à feuille arrondie, acuminée, complètement blanc légèrement verdâtre ornée dans toute son étendue d'un réseau très régulier et bien accusé de fines nervures rose frais. 1890.

L'Insolite. — Feuille vert jaune clair marginée de vert-pomme, nervures rouge vermillonné foncé accompagnées de nombreuses macules minium foncé. 1893.

Louis A. Van Houtte. — Magnifique variété dont la feuille ample est entièrement rouge cuivré, rehaussé de nervures violet foncé à reflets irisés 1888.

Louis Poirier. — Feuille allongée à nervures rouge vif et centre rouge marron bordé de vert doré et maculé de blanc. 1867.

Louise Duplessis. — Feuille allongée; fond blanc

passant au rose frais transparent vers le centre; nervures laque rouge. 1875.

Lucidum. — Feuille obcordée très grande, fond nacré translucide, recouvert d'un réseau très régulier de fines nervures vert foncé. 1892.

Lucy. — Feuille cordiforme décorée de nervures rouge carminé et de nombreuses mouches rouge pourpre éparses sur le vert doré. 1868.

Lüddemanni. — Feuille moyenne à nervures rouge carmin et fond vert-pomme très fortement constellé de nombreuses et larges macules blanc pur du plus grand effet. 1877.

Linné. — Superbe variété trapue, qui forme naturellement d'élégantes touffes, et se distingue par le fond gris clair de sa feuille, orné d'un réseau de nervures rose frais, accompagné de nombreuses et larges macules blanches. 1894.

Lulli. — Feuille cordiforme; nervures rouge pourpre vif entouré de vert gai avec macules nombreuses et bien détachées, du blanc le plus pur. 1875.

Luteum auratum. — Admirable variété à feuille ample jaune d'or brillant, de l'effet le plus attrayant. 1890.

Lymington. — Superbe et très distincte variété dont la feuille ample a le centre blanc bleuté entouré de vert glauque. 1885.

Madame Alfred Bleu. — Plante trapue à feuille cucullée, très gracieuse; fond blanc pur orné de nervures rose très frais, parfois agrémenté de larges plaques vert foncé. 1876.

Madame Alfred Bleu major. — Variété rappelant la précédente par son dessin et son coloris, mais beaucoup plus grande dans ses proportions. 1888.

Madame Alfred Magne. — Splendide variété dont la

feuille allongée est rouge groseille transparent, encadrée d'une margine blanc jaune festonnée intérieurement. 1890.

Madame Alfred Mame. — Feuille allongée dont le fond vert gai est constellé de nombreuses macules blanches lavées de rose, mélangées d'autres macules minium foncé. 1874.

Madame Alfred Mame, var. — Même genre que le précédent, également moucheté de blanc et de rouge sans nuance de rose. 1877.

Madame Andrieu. — Feuille ample allongée, à nervures laque écarlate, entourées de pourpre violet; zone extérieure vert-bleu foncé ornée de quelques mouches roses translucides. 1865.

Madame de la Devansaye. — Feuille moyenne, hastée, à fond blanc bordé de vert foncé relevé de nervures rose frais. 1874.

Madame Édouard Pynaert. — Splendide variété à feuille ample, complètement rouge carminé, chatoyant. 1891.

Madame d'Halloy. — Variété trapue à feuille ample allongée; fond blanc rosé très brillant sur lequel s'enlève le rouge carmin des nervures. 1887.

Madame Fritz Kœchlin. — Feuille ample à fond blanc transparent principalement vers le centre où il se teinte de rose; nervures rose rouge vif. 1880.

Madame Groult. — Feuille ample, à limbe rose rouge, sauf la bordure qui est vert foncé pointillé de blanc. 1890

Madame Heine. — Feuille arrondie à fond blanc nervé de rouge carmin. 1875.

Madame Houllet. — Feuille allongée vert clair constellée de nombreuses et larges macules blanches parfois lavées de rose. 1865.

Madame Huber. — Feuille bicolore à centre rouge cramoisi intense, bordé de vert-pomme. 1883.

Madame Hunebelle. — Feuille ample, obcordée, à fond blanc opalin nervé de rouge foncé. 1874.

Madame Imbert-Kœchlin. — Feuille ovale allongée, très gracieuse, complètement blanc crème, sur lequel ressortent vivement de nombreuses macules rouge sang foncé. 1885.

Madame Jean Dybowski. — Splendide variété à feuille allongée, dont le limbe complètement rose très vif, a les nervures principales rouge carmin pur ainsi que le réseau de fines nervures qui s'étendent dans toute son étendue. 1895.

Madame John R. Box. — Feuille ample arrondie, rose frais légèrement violacé; zone intermédiaire blanc crémeux se mélangeant au rose intérieur et au vert foncé de la circonférence. 1886.

Madame Jules Menoreau. — Feuille ample à fond blanc chiné de vert sur lequel ressort le rose brillant des nervures. 1879.

Madame Jules Picot. — Magnifique variété à feuille entièrement rose transparent très brillant; nervures vert foncé. 1884

Madame Laforge. — Feuille arrondie à nervures et centre rouge encadré de vert glauque velouté. 1876.

Madame Lemoinier. — Feuille obcordée, dont le fond rose tendre légèrement violacé est encadré de blanc crème. 1879.

Madame Léon Say. — Ravissante variété, trapue, dont la feuille arrondie est rouge carmin vif marginé de jaune paille clair. 1890.

Madame Marchand. — Feuille ovale allongée, à centre rouge violacé vigoureux éclairé de rose encadré de vert-pomme. 1887.

Madame Marjolin Scheffer. — Feuille ovale allongée à limbe complètement blanc pur relevé de nervures rouge carmin. 1879.

Madame Mercier. — Feuille ample, très gracieuse, à nervures laque rose largement entourées de rouge violet métallique; zone excentrique vert bronzé; larges macules rose transparent. 1888.

Madame Mitjana. — Fort belle variété à feuille complètement rouge brun éclairé de rose violacé au centre. 1882.

Madame Rose Laing. — Admirable variété à feuille ample, allongée, complètement blanche, sans en excepter les nervures principales, qui, seules, sont entourées de rose très frais. 1892.

Madame Th. de Vigier. — Superbe plante à feuille blanc pur lavé de rose très frais passant au rouge pourpre au centre. 1884.

Madame Willaume. — Feuille très gracieuse à limbe rose nacré très tendre et très transparent accompagné de nervures vert foncé. 1879.

Marguerite Gélinier. — Ravissante variété très trapue, dont la feuille du rose le plus frais vers le centre, est entourée d'une large bordure gris blanc sillonné de fines nervures rose violacé. 1890.

Maria Mitjana. — Admirable variété, à feuille de moyenne grandeur, dont le limbe transparent est complètement rouge groseille légèrement violacé. 1886.

Marie Freeman. — Variété trapue, dont la feuille est complètement rouge pourpre doré éclairé au centre de rose violacé. 1886.

Marquis d'Albertas. — Feuille ample ayant son centre largement blanc bleuté entouré de vert gai, avec de très nombreuses macules blanc pur lavé de rose frais. 1887.

Marquise de Cazaux. — Feuille animée à centre rose transparent encadré de vert bleu et maculé de blanc lavé de rose. 1868.

Martha. — Variété à feuille obcordée dont le fond blanc lavé de rose est recouvert de vert pointillé sur lequel ressort le rouge violacé des nervures. 1884.

Marthe Laforge. — Charmante plante à feuille complètement rose carné très frais, pointillé de vert clair et constellé de larges macules blanc pur. 1891.

Masaccio. — Variété trapue à nervures rouge carmin pur fortement accusé dans toute leur longueur et ressortant vivement sur le fond totalement ponctué de rouge violet et de vert doré. 1886.

Max Kolb. — Feuille ovale allongée à nervures principales blanc de cire lavé de rose; centre vert gris bleuté encadré de vert-pomme et parsemé de macules rouge sang foncé. 1868.

Maxime Duval. — Feuille ample allongée à nervures rouge carminé vif s'irradiant sur le rouge pourpre violet du centre; zone extérieure vert bleu foncé. 1868.

Mercadante. — Variété distincte à nervures blanc d'ivoire entouré de vert jaune rosé encadré de vert foncé. 1868.

Mercédès Dargent. — Feuille allongée, blanc pur, recouvert d'un réseau de fines nervures vertes sur lequel ressort le rose vif des nervures principales. 1891.

Meyerbeer. — Feuille très allongée fond bland pur finement veiné de vert sur lequel tranche agréablement le rouge laque violacé des nervures. 1868.

Michel Buchner. — Eclatante variété complètement rouge doré splendide. 1891.

Minerve. — Feuille ample, ayant les nervures blanc rosé strié de rouge aniline, ainsi que le centre, dont la nuance est gris bleuté ; zone extérieure vert glauque moucheté de blanc pur 1875.

Mistress Dombrain. — Feuille très ample à nervures et centre rose tendre transparent encadré d'une large zone vert glaucescent, orné de très nombreuses macules hiéroglyphiques blanches teintées de rose. 1870.

Mistress Harry Veitch. — Splendide variété à feuille ample, allongée, entièrement rouge doré très brillant. 1888.

Mistress Laing. — Vigoureuse variété à feuille allongée cucullée ; fond blanc mat relevé de nervures rouge laque écarlate. 1877.

Mithridate. — Feuille ample dont le centre est largement teint de rouge pourpre foncé avec bordure vert mat. 1879.

Monsieur A. Hardy. — Magnifique variété dont le limbe de la feuille blanc teinté de rose vers le centre, est recouvert d'un réseau régulier de petites nervures vertes très bien accusées ; nervures principales rouge carmin. 1880.

Monsieur Brion Wynne. — Variété trapue qui ressort entre toutes par le violet foncé des nervures et du centre de la feuille qui se perd dans le gris bleuté de la circonférence. Le limbe est en outre parsemé de larges macules blanches. 1892.

Monsieur Chaber. — Feuille ample, très élégante, complètement jaune d'or, parsemée de macules blanches ; admirable ; 1891.

Monsieur Déglos. — Variété très recommandable par le rouge groseille de ses nervures et son fond rose estampé de vert doré. 1884.

Monsieur d'Halloy. — Feuille allongée à nervures et centre rose transparent, réticulé de vert foncé 1883.

Monsieur Léon Say. — Superbe plante, trapue, à feuille ovale allongée, complètement rouge cuivré maculé de rose. 1890.

Monsieur J. Linden. — Feuille très ample, superbe, à fond blanc opalin sur lequel courent de fines nervures corail rose. 1879.

Monsieur Panhard. — Feuille cordiforme à nervures rouge carminé foncé, s'accusant vivement sur le fond qui est rose et violacé. 1878.

Monsieur Willaume. — Feuille cordiforme allongée à nervures laque carminée largement entouré de rouge violet bordé de vert bleu très riche et maculé de rouge sang foncé. 1887.

Mozart. — Fenille de moyenne grandeur à nervures et centre rose tendre passant au vert très clair bordé de vert glauque. 1868.

Murillo. — Feuille un peu animée à centre rouge sombre encadré de vert bronzé légèrement moucheté de rose translucide. 1870.

Napoléon. — Feuille allongée à nervures rouge carmin foncé entouré de carmin clair avec bordure vert foncé; nombreuses macules rouge foncé. 1867.

Nobile (prononcez *Nobilé*). — Variété extrêmement vigoureuse, dont la feuille cordiforme, très ample, a le fond blanc lavé de rose décoré de nervures et larges plaques vert gai. 1881.

Œdipe. — Feuille ample, gracieusement allongée et cucullée, à fond blanc pur parcouru de nervures laque rose. 1879.

Ombrelle parisienne. — Feuille très ample à nervures rouge carmin s'irradiant sur le rouge violet qui occupe les deux tiers du limbe ; encadrement vert doré soyeux. 1887.

Onslow. — Feuille ovale allongée à centre laque rose rouge entouré de vert clair et parsemé de très nombreuses et larges macules blanches teintées de rose frais. 1868.

Oriflamme. — Feuille arrondie à nervures rouge écarlate éclairé au centre de rouge rose entouré d'une auréole de même couleur que les nervures avec bordure vert doré. Variété superbe. 1887.

Ornatum. — Variété à feuille cordiforme, dont le fond vert doré est relevé d'un réseau régulier de magnifiques nervures rouge carmin. 1881.

Orphée. — Variété absolument superbe, dont la feuille ample brille par son fond mélangé de blanc et de rose, nervé de carmin vif. 1892.

Paillet. — Feuille bicolore, dont le centre rose est entouré de vert doré parfois légèrement moucheté de rose. 1868.

Paul Véronèse. — Feuille arrondie à nervures rouge corail très largement entourées de rose violacé transparent ; zone fortement bronzée s'unissant au vert Paul Véronèse de la circonférence. 1876.

Petropolis. — Feuille ample, ayant les nervures laque rouge fortement accusées sur le fond vert foncé entrecoupé de blanc vers le centre. 1880.

Philippe Schuldt. — Feuille allongée à fond blanc sur lequel s'étalent de vigoureuses nervures rouge carmin pur. 1878.

Phébus. — Variété trapue, dont le centre de la feuille est rouge pourpre brillant entouré de vert clair doré. 1883.

Pourpre royale. — Variété extrêmement brillante,

qui attire fortement les regards par sa feuille mi-allongée, complètement rouge pourpre vif, entouré d'une margine vert doré. 1895.

Président de la Devansaye. — Splendide variété à feuille cucullée rouge carmin très vif, orné d'un liséré vert doré. 1893.

Prince Albert-Édouard. — Feuille ample obcordée, dont le fond blanc transparent, teint de rose vers le centre, est rehaussé de nervures rouge brun. 1868.

Princesse Alexandra. — Feuille ample à fond rose transparent recouvert d'un réseau de fines nervures vert foncé ainsi que les nervures principales. 1868.

Princesse Olga. — Variété très trapue, à feuille ovale-allongée, dont le limbe, entièrement rouge doré, est parsemé de très nombreuses macules blanc rosé. Très distinct et absolument splendide. 1895.

Princess of Teck. — Feuille très allongée à nervures et centre laque écarlate encadré de jaune vert doré. 1867.

Proserpine. — Variété dont le centre de la feuille violet rose entouré de vert très foncé est maculé de rouge vermillon foncé. 1874.

Puvis de Chavannes. — Plante bien distincte dont la feuille arrondie, acuminée, a son fond gris poudreux, sur lequel ressortent de grosses nervures brun rouge, ainsi que de nombreuses et très larges macules blanches. 1894.

Pyrrhus. — Feuille arrondie à centre écarlate encadré de vert clair doré de la plus grande richesse. 1876.

Quadricolor. — Élégante feuille allongée, dont les nervures sont blanc de cire entouré de rose violacé très frais ; zone intermédiaire vert très clair nettement détachée du vert-pomme de la circonférence. 1870.

Racine. — Feuille ample, obcordée, du plus beau maintien, à fond rose vif, chiné de vert foncé sur lequel s'enlèvent vigoureusement de larges nervures rouge carmin très chaud. 1894.

Rameau. — Feuille de moyenne grandeur dont les nervures et le centre sont rouge carmin avec bordure vert clair fortement maculé de blanc teinté de rose. 1876.

Raoul Pugno. — Feuille animée à centre rose tendre, nacré, très transparent, encadré de vert brun. 1882.

Raulini. — Feuille ovale allongée à nervures laque rose rouge largement entouré de pourpre violacé bordé de vert doré; larges macules blanches, souvent teintées de rose. 1866.

Raymond Lemoinier. — Feuille ovale allongée à nervures et centre rouge écarlate très brillant largement encadré de blanc crème. Extra. 1885.

Rayon d'or. — Très vigoureuse et superbe variété à feuille allongée hastée, complètement jaune d'or, d'aspect velouté. 1892.

Reine de Danemark. — Variété trapue dont la feuille complètement rose très frais est rehaussée de nervures du plus pur carmin. 1888.

Reine Marie de Portugal. — Feuille ample, légèrement arrondie, à nervures rouge corail; centre largement éclairé de rose transparent passant au rouge marron bronzé en se fondant dans le vert foncé de la circonférence. 1879.

Ricci. — Feuille de moyenne grandeur, dont les nervures et le centre sont rose violacé transparent réticulé de vert; zone intermédiaire vert clair mouchetée de rouge minium foncé ainsi que le vert-pomme qui l'entoure. 1870.

Robert Brown. — Feuille ample, rouge minium carminé bordée largement de vert bronzé.

Rossini. — Feuille ample à nervures blanc verdâtre lavé de rose ; centre rose clair passant au vert tendre et bordé de vert-pomme ; larges macules ocre rouge. 1866.

Rossini superbum. — Feuille ovale à centre vert clair orné de fines nervures violacées et maculé de rouge sang foncé entouré de vert gai. 1872.

Rouillard. — Variété dont la feuille a les nervures pourpre foncé entouré de gris bleuté recouvert d'un réseau violet moucheté de rouge brun ; large bordure vert glaucescent. 1870.

Rubens. — Splendide variété à feuille allongée dont le centre est du plus riche pourpre bordé de vert doré mat. 1880.

Rubrum auratum. — Feuille ovale allongée complètement rouge doré orné d'un réseau de nervures roses s'irradiant dans tout le limbe. 1892.

Rubrum metallicum. — Feuille animée complètement rouge cuivré légèrement éclairé de rose vers le centre. 1882.

Salvator Rosa. — Feuille ondulée à centre rouge écarlate très chaud, encadré de vert clair velouté. 1881.

Sanchoniathon. — Feuille ovale allongée dont le centre rouge carminé clair est largement bordé de vert-pomme. 1878.

Sémiramis. — Feuille cordiforme à limbe complètement blanc rosé délicat parcouru de nervures carmin. 1884.

Siebold. — Feuille cordiforme à nervures et centre

rouge carmin, entouré de vert blanchâtre ponctué de jaune blanchâtre ponctué de jaune vert ; zone extérieure vert foncé fortement moucheté de rouge. 1866.

Sofia. — Feuille ample à fond vert foncé sur lequel se détachent de fortes et superbes nervures blanc ivoire. 1884.

Sir Edwin Smith. — Charmante variété trapue, à feuille bien ouverte, qui se distingue par son fond rose mélangé de gris bleuté à reflets violets sur lequel ressort le rose violacé frais des nervures principales, ainsi que les macules blanches gracieusement semées sur tout le limbe. 1895.

Sirius. — Très brillante variété dont les nervures et le centre de la feuille du carmin le plus éclatant sont largement bordés de vert clair ; de nombreuses macules roses translucides sont éparses sur tout le limbe. 1882.

Socrate. — Feuille cordiforme ; superbes nervures rouge pourpre entouré de violet ; bordure vert doré velouté magnifique. 1890.

Sophocle. — Feuille du plus gracieux ovale ; fond vert tendre complètement recouvert d'un double réseau rouge violet et vert foncé sur lequel tranche le rose frais des nervures principales. 1891.

Souvenir de Lille. — Variété trapue splendide, dont le fond de la feuille est rose nacré translucide rehaussé de nervures laque écarlate. 1884.

Souvenir de Madame Bernard. — Feuille ample à centre rouge cramoisi, encadré de vert foncé ; nombreuses ponctuations blanches légèrement verdâtres, mélangées au rouge et vert. 1881.

Souvenir de Madame Édouard André. — Feuille ample arrondie dont le fond blanc est parcouru de nervures rose tendre. 1876.

Souvenir de Madame Gibez. — Cette nouveauté d'aspect insolite, extrêmement remarquable, ressort entre toutes par sa feuille ample, complètement violet foncé, nuancé de gris bleuté. 1895.

Souvenir des Touches. — Feuille ample à nervures pourpres largement entourées de riche pourpre violet encadré de vert doré foncé; nombreuses macules roses. 1880.

Souvenir du docteur Bleu. — Brillante variété à feuille rouge feu sombre au centre, avec bordure vert doré mat. 1881.

Splendidum. — Feuille ample arrondie ayant le centre rouge carminé entouré de vert doré. 1870.

Spontini. — Feuille allongée à centre rose violacé, éclairé de rose carné près des nervures, et entouré de vert foncé; très nombreuses macules blanc pur. 1867.

Téniers. — Feuille un peu arrondie, largement teintée de rouge carminé avec marge vert doré. 1881.

Tricolor. — Feuille arrondie, acuminée, ayant les nervures et le centre rouge carmin très pur brusquement détaché du vert extérieur par une zone intermédiaire vert gris très clair. 1874.

Triomphe de l'Exposition. — Brillante variété à feuille ample; centre rouge écarlate allant en se nuançant de violet, où il se perd dans le vert doré métallique de la circonférence. 1868.

Uranus. — Feuille très gracieusement allongée à centre gris très clair entouré de vert foncé; nervures principales rose violacé; nombreuses macules blanc pur. 1872.

Van Dyck. — Feuille moyenne à nervures laque rouge entourée de rose tendre transparent; zone intermédiaire vert très clair, bien détaché du vert foncé de la circonférence. 1882.

Vélasquez. — Feuille ample à nervures et centre rouge s'étendant jusque vers l'extrémité où il est entouré de vert foncé ; nombreuses macules roses. 1873.

Velléda. — Feuille obcordée à fond vert glauque marqué sur les nervures de vert jaune clair et maculé de blanc pur. 1869.

Verdi. — Feuille animée, allongée, à centre rouge cramoisi vif marginé de vert clair avec bordure vert-pomme. 1879.

Vesta. — Feuille cordiforme à nervures vert blanc accompagné d'un léger lavis rose violacé transparent entouré de vert très clair ; larges macules blanches parfois rosées, semées jusque sur le vert foncé de la circonférence. 1872.

Vicomtesse de la Roque-Ordan. — Feuille allongée, très gracieuse, à fond blanc mat orné d'un réseau de fines nervures vertes; nervures principales rose tendre. 1875.

Ville de Hambourg. — Superbe variété à feuille allongée, dont les nervures carmin foncé sont entourées de rose rouge qui s'étend sur tout le limbe. 1886.

Ville de Laon. — Plante trapue à feuille de moyenne grandeur, qui brille du plus vif éclat par son limbe du rouge le plus intense, principalement vers le centre, et ses larges macules rose rouge. 1892.

Ville de Mulhouse. — Feuille ovale allongée à centre blanc nuancé de vert lavé de rose tendre légèrement violacé entouré de vert-pomme. Très distincte. 1892.

Ville de Sens. — Variété trapue dont la feuille ovale acuminée se distingue par son centre violet éclairé de rose encadré de vert gai et maculé de blanc. 1892.

Virgile. — Feuille allongée, gigantesque, largement marquée au centre de blanc verdâtre encadré de vert foncé; nervures nuancées de rose violacé. 1878.

Virginale (prononcez *Virginalé*). — Feuille bien allongée à fond blanc mat parcourue dans toute son étendue d'un réseau très régulier de fines nervures vert bleu. 1879.

Walter Scott. — Feuille ample à nervures et centre rouge sombre ; fond rose rouge mélangé de vert doré parfois plaqué de rouge. 1878.

Weber. — Feuille ovale, cordiforme, à fond blanc lavé de rose frais estampé de vert ; nervures rouge carmin fortement accusées jusqu'à l'extrémité du limbe. 1883.

Wightii superbum. — Feuille ample arrondie à fond vert clair parsemé de macules blanches et rouges mélangées. 1868.

William Bull. — Variété de moyenne grandeur à fond rose rouge cuivré transparent, veiné de laque carminé. 1885.

William Marshall. — Très brillante variété à feuille ample allongée, rose rouge très vif estampé de vert doré. 1894.

Xénophon. — Feuille cordiforme à nervures rouge brun entouré de rose rouge transparent ; encadrement vert foncé mélangé de marron en se mêlant au rouge du centre. 1883.

Xérès. — Feuille allongée à fond blanc mat décoré de fines nervures vertes et transparent vers le centre, nervures principales blanc de cire légèrement verdâtre. 1882.

LISTE SUPPLÉMENTAIRE DES PRINCIPAUX CALADIUM AUJOURD'HUI CULTIVÉS

Peu de personnes se sont occupées de l'hybridation des Caladium, tant en France qu'à l'étranger; aussi les variétés obtenues sont-elles relativement peu nombreuses; il faut toutefois citer M. B. Comte, de Lyon-Vaise, qui a mis au commerce un certain nombre de variétés; à l'étranger, MM. Linden, Van Houtte, Verschaffelt, Veitch, etc., qui ont obtenu ou obtiennent encore un certain nombre de plantes nouvelles et méritantes.

Nous donnons ci-dessous la liste des principales variétés cultivées de nos jours et provenant soit d'importations déjà anciennes, soit de semis particulièrement.

Caladium adnescens (J. Weiss).
— *Altaïr* (Comte).
— *Architecte Benoît* (Comte).
— *Armand de Meulenaere* (Van Houtte).
— *Bohemicum* (Van Houtte).
— *Cannarti* (Linden).
— *decorum* (Comte).
— *Eeckhautei* (Van Houtte).
— *Endlicherianum* (Van Houtte).
— *Flambeau* (Comte).
— *Hermione* (Comte).
— *Humbert de Mareste* (Comte).
— *Jacob Weiss* (Weiss).
— *Jean Bogaerts* (Weiss).
— *Joseph Schwartz* (Comte).
— *Jupiter* (Comte).
— *La Duchère* (Comte).

Caladium Léopold II (Van Houtte).
— *Lindleyanum* (Van Houtte).
— *Le Rhône* (Comte)
— *Luculus* (Comte).
— *Mme Comte* (Comte).
— *Mme Vignon* (Comte).
— *memorandum* (Comte).
— *M. E. Guimet* (Comte).
— *M. S. Waller* (Comte).
— *M. Vignon* (Comte).
— *Oporto* (Weiss).
— *Osiris* (Comte).
— *pictum.*
— *picturatum.*
— *Pœcile anglais*
— *Préfet Berger* (Ville de Lyon).
— *Prince of Wales* (Veitch).
— *Ptolémée* (Comte).
— *Pythagore* (Comte).
— *Reichenbachianum* (Van Houtte).
— *Saphir* (Comte).
— *Schottianum* (Van Houtte).
— *Son Excellence Hamdy Bey* (Comte).
— *Testoni.*
— *Thelemanni.*
— *Triomphe de Comte* (Comte).
— *Verschaffelti.*

CULTURE DES CALADIUM

Époque et mise en végétation des tubercules. — Supposons l'amateur ou le jardinier possédant des *Caladium* au repos, et commençons la description de notre culture par l'époque et la mise en végétation des tubercules. Il n'est pas possible de fixer une date invariable pour cette opération première ; elle peut être avancée ou retardée au gré du cultivateur selon qu'il désire obtenir une plus prompte ou plus tardive jouissance de ces végétaux.

Ordinairement cette époque est du 15 mars au 15 avril. Il est loisible de l'avancer ou de la reculer, mais, en opérant en ce temps, les *Caladium* auront l'avantage d'avoir une plus longue durée ; avancée, la végétation finit de bonne heure, retardée, les tubercules pourraient peut-être souffrir. Disons-en passant que nous avons bien souvent mis en végétation des *Caladium* au mois de janvier, pour en jouir de bonne heure au printemps, en serre chaude, alors que d'autres, mis tard, garnissent les mêmes abris en plein hiver ; tout cela dépend de l'époque. On voit par là qu'il est facile d'en posséder en toute saison.

La manière de la mise en végétation des tubercules varie avec le jardinier. Presque tous les moyens mis en pratique sont bons,quoique exigeant plus ou moins de temps; nous allons les décrire tous, ainsi que celui que nous préconisons et qui, quoique un peu plus long, a le mérite d'être sûr.

D'aucuns praticiens — il faut reconnaître que ce moyen a du bon lersque la culture est importante — empotent tout simplement les tubercules en pots proportionnés à leur force, le diamètre de ceux-ci doit varier de 8 à 15 centimètres; l'empotage se fait avec de la terre de bruyère pure et neuve.

Certains jardiniers ont soin, lors de la mise en végétation, de supprimer sur les tubercules tous les yeux latéraux qui absorberaient plus tard une grande quantité de sève ; par ce, ils font reporter toute la puissance végétative sur l'œil primordial.

Il va de soi que cette opération ne se fait que lorsque la multiplication de l'espèce n'est pas nécessaire. Cet œil, à l'empotage, doit se trouver au niveau du sol, pas au-dessus, encore moins *au-dessous*, puisque, dans ce dernier cas, la végétation est plus tardive et peut même être compromise; il importe donc d'y faire attention.

Lorsqu'on possède une serre chaude — 20 à 22° C. — on y place les pots de *Caladium* le plus près possible du verre, et en pleine lumière. Un bassinage léger est seul donné après l'empotage. On attend jusqu'à ce que les bourgeons apparaissent librement au-dessus de la terre, et l'on commence alors à leur donner de légers arrosements, mais avec modération à ceux qui sont en retard de végéter.

D'autres praticiens, au lieu de laisser en serre les tubercules empotés, placent ceux-ci sur une couche à melon, les pots enterrés dans le terreau. La chaleur de fond doit être de 25 à 30° centigrades. Les soins à continuer ne diffèrent en rien de ceux donnés aux tubercules placés en serre. Un peu d'attention pour éviter l'excès d'humidité si fréquent à l'intérieur des châssis est cependant nécessaire, et il faut éviter aussi de donner de l'air même si le soleil augmente la force de la température ambiante de l'intérieur. Il faut laisser les châssis exposés au plein soleil. Des couvertures en paillassons sont indispensables pour préserver les plantes d'un trop grand abaissement de la température pendant la fraîcheur nocturne de la saison printanière.

Des réchauds de fumier, souvent renouvelés, entretiennent et remplacent la chaleur disparue à l'intérieur des coffres.

Ce mode de mise en végétation est fréquemment

et avec raison employé, voici pourquoi : outre sa rapidité et sa facilité, il a l'avantage de faire *partir*, comme l'on dit en argot de métier, les bourgeons d'une manière plus vigoureuse et aussi plus régulière.

La beauté et la force à venir des plantes se ressentent beaucoup de ce traitement sur couche.

Voici maintenant comment nous procédons :

Au lieu d'empoter les tubercules des *Caladium* en godets, nous les plaçons à l'étouffée, sous châssis, dans notre serre à multiplication — 22 à 25° C. — à nu, sur un lit de cendres fines, tenu très humide de manière que le dessus des tubercules repose entièrement sur les cendres.

Des mouillures fréquentes entretiennent l'humidité nécessaire à la prompte émission des racines et des bourgeons ; lorsque celles-ci sont assez nombreuses et longues de 4-5 centimètres et que les bourgeons commencent à apparaître, nous empotons les tubercules dans des godets d'environ 10-15 centimètres de diamètre. Il faut avoir soin de ne pas briser les racines nouvelles extrêmement fragiles. Une fois empotés, nous les plaçons sur couche chaude, et les soins à venir sont identiques à ceux décrits plus haut.

Au bout d'un certain temps, et quel que fût le mode de mise en végétation qu'on leur appliquât, les tubercules ont émis une ou deux feuilles. Lorsque les racines circulent abondamment autour des parois extérieures du pot, il faut donner un rempotage aux *Caladium*.

Compost et rempotage. — Le seul sol dans lequel se plaisent très bien les *Caladium* est la terre de bruyère un peu sableuse, neuve en tout cas, *à laquelle on peut mélanger, au rempotage des plantes, un tiers de bon terreau de couche.*

Personne n'ignore que les Aroïdées en général — à peu d'exceptions près — n'aiment pas l'humidité stagnante et constante au fond des vases dans lesquels elles sont cultivées; leurs racines recherchent presque toujours les parois poreuses des pots.

Quoique originaires de lieux très humides, tout en demandant même cette humidité pendant leur végétation, ces plantes n'aiment pas les vases trop profonds et les pots sans drain. Sous le nom de terrines à *Caladium*, il se fabrique à cet effet des pots peu profonds répondant à toutes les exigences de la nature de cette plante.

Lorsque celles-ci se trouvent en état d'être rempotées, elles doivent l'être dans ces terrines au nombre de 3 ou plus, selon la grosseur des tubercules ou le diamètre du récipient. Celui-ci ne doit jamais être moindre de 30 centimètres et ne pas en dépasser 40.

Un drainage de tessons de pots de 2 à 4 centimètres est nécessaire, et la terre ne doit pas être trop tassée. Sitôt qu'a eu lieu le rempotage, on place les *Caladium* qui se trouvent ainsi empotés sur couche chaude nouvelle ou en serre. Avant que de nouvelles racines ne se forment autour des pots, il faut modérer les arrosements.

Arrosements et engrais. — On sait que les *Caladium* aiment l'humidité, et, si les arrosements ne doivent pas être nombreux et forts au commencement de la végétation des tubercules, ni pendant les quelques temps qui suivent le rempotage des plantes, ils doivent, au contraire, être soutenus et abondants pendant la grande période végétative de ces Aroïdées. Enterrés, il faut moins arroser les pots que s'ils étaient à nu. Si l'on a le moyen de faire usage de l'eau de pluie, il ne faut pas hésiter à s'en servir.

Naturellement, les *Caladium* n'ont nul besoin d'être stimulés et fortifiés par l'engrais; néanmoins, administré judicieusement et par progression raisonnée, celui-ci n'est pas sans influencer visiblement sur la vigueur et l'ampleur du feuillage et la vivacité des coloris. Nous employons la bouse de vache, le purin ou l'engrais humain, délayés dans de l'eau à raison de 1 litre d'engrais pour 10 litres d'eau et progressivement de 1 litre pour 5 litres d'eau; le purin et l'engrais humain sont plus actifs, surtout ce dernier. Les engrais ne doivent être appliqués aux plantes que lorsque celles-ci sont bien établies dans leurs terrines. On administre deux, puis trois fois par semaine. Les engrais chimiques azotés sont favorables au développement des feuilles, mais ils ne doivent être donnés qu'en connaissance de cause et avec modération.

Élevage sur couche. — A l'article « Compost et rempotage », nous avons quitté les *Caladium*, lorsque, après leur rempotage en terrines, ils venaient d'être placés sur couche chaude nouvelle. Le coffre de ces couches, si l'on ne dispose pas de bâche maçonnée, doit au moins atteindre 80 centimètres à 1 mètre de hauteur; à défaut, deux ou trois coffres ordinaires superposés peuvent remplir cet office. On doit les entourer de réchauds sur une hauteur de 30 centimètres. Ces couches doivent être exposées en plein midi de manière que le soleil et la vive lumière ne fassent jamais défaut.

A partir de ce moment, il ne reste plus à octroyer aux *Caladium* que ces trois agents: chaleur, humidité, lumière.

Au fur et à mesure que la chaleur souterraine de la couche disparaît, celle du soleil devient plus intense et vient la remplacer avantageusement. Celle de fond, après avoir aidé au développement vigoureux des feuilles et à celui des racines, devient alors presque inutile.

La chaleur de l'air ambiant doit augmenter au contraire pour donner la force et l'ampleur nécessaires au limbe, pour l'aider à acquérir et même à augmenter sa surface normale. Les *Caladium* aiment une chaleur humide et concentrée. L'aération, tout en étant indispensable, doit être faite avec précaution, car ces plantes craignent beaucoup les changements brusques de température. Aussi ne doit-on aérer que vers le milieu du jour au printemps et en automne, de midi à 1 heure — de 11 heures à 2 heures en été, mais toujours très peu, et en raison de la température extérieure et suivant les lieux. Il faut aérer en ouvrant les châssis par le haut, l'un après l'autre, de façon que toutes les plantes s'habituent à l'air extérieur.

Cette chaleur de 25-30° C. ne peut plus être fournie à une certaine époque par la couche, mais bien par les rayons solaires.

Voici comment :

La majeure partie des jardiniers procure de l'ombrage à leurs plantes au moyen du badigeonnage des vitres avec une bouillie formée de blanc d'Espagne délayé dans de l'eau ou du petit-lait.

Quoique généralisée par son prix modique, cette méthode est pleine de grands inconvénients, et, si son application est nécessaire à certaines serres et pour certaines plantes, elle est entièrement mauvaise pour les *Caladium*.

Les rayons solaires, totalement interceptés, ne peuvent plus exercer leur influence sur les feuilles des plantes, la lumière produite à l'intérieur de la serre étant diffuse. Aussi avons-nous entièrement renoncé à ce système d'ombrage qui donne aux plantes ces tons anémiés et pâles, ces pétioles maigres et incapables de soutenir leur limbe, cette disparition complète du peu de parties chlorophyllées qui restent à quelques-uns d'entre eux, et nous leur avons donné, au contraire, une vive lumière.

Pendant les jours ensoleillés, nous ombrons vers huit heures et demie du matin avec des claies ou de la toile et nous supprimons l'ombrage sitôt que le soleil ne darde plus sur les châssis. Pendant les jours sombres, les claies ou la toile sont relevées. En somme, leur donner le plus de lumière possible, sans les soumettre aux rayons directs du soleil, c'est contribuer beaucoup à leur faire prendre un beau développement.

L'aération est nécessaire et doit être faite de 11 heures du matin à 2 heures de l'après-midi en été; de midi à une heure au printemps et en automne.

Les arrosements doivent être nombreux et soutenus sans cesse; ce sont eux seuls qui procurent l'humidité favorable par l'action des rayons solaires provoquant l'évaporation à l'intérieur des coffres. Lorsque les nuits sont fraîches, au printemps et à la fin de l'été, il faut couvrir les châssis avec des paillassons.

Traités de cette façon, les *Caladium* ont une végétation luxuriante, les coloris sont vifs et pleins de contraste ; on a devant les yeux des plantes robustes et pleines de vie, comparées à celles cultivées en lieux trop ombragés.

Lorsque les plantes ont atteint leur complet développement, il est loisible de les rentrer en serre pour en jouir davantage ou en garnir les appartements de juin en septembre.

Les *Caladium* destinés à cette dernière décoration doivent au préalable être habitués à une température moins chaude et moins humide que celle de la couche. A cet effet, on donne une grande aération une quinzaine de jours avant leur sortie, de 9 heures du matin à 3 heures du soir. Dans les pièces où seront placées ces plantes, il faudra éviter autant que possible les courants d'air et le plein soleil.

A la fin de septembre, et même plus tôt si les plantes paraissent fatiguées, il sera bon de les transporter en serre ou sur couche où l'on commencera à les laisser reposer. (Voir cet article.)

Culture en serre. — Si, au lieu de placer les *Caladium* nouvellement rempotés sur couche, on préfère recourir à la culture en serre ou que l'on se trouve dans cette obligation, il faut disposer d'un abri pouvant contenir ces trois agents déjà nommés plus haut : chaleur, humidité, lumière. La culture de ces Aroïdées s'est généralisée si rapidement parce que ces plantes possèdent l'avantage de pouvoir servir, avec d'autres genres végétaux, à la garniture des serres froides vides qui, pendant toute la belle saison, se trouvent naturellement transformées en serres chaudes pour peu que l'on y emmagasine la chaleur produite par les rayons du soleil.

Or, il faut provoquer artificiellement l'action de ces trois facteurs si nécessaires, indispensables même à la bonne venue et à la santé des plantes.

Chaleur. — Il est rare, à l'époque où l'on place les plantes dans la serre, d'être dans l'obligation de recourir au chauffage artificiel du thermosiphon ; mais si la température intérieure s'abaissait au dessous de 20° C., il faut y avoir recours, car les *Caladium* étant habitués, soit qu'ils sortent de la serre à multiplication ou des couches, à une température supérieure à celle-là, un abaissement notable exercerait une mauvaise influence sur l'avenir des plantes.

Il faut donc éviter ceci. Aussi doit-on traiter les serres renfermant des *Caladium* en véritables *serres chaudes humides*. Pour obtenir ce résultat, il faut entièrement supprimer l'aération, si minime qu'elle soit.

Humidité. — Ordinairement sèches, les serres froides transformées en serres chaudes ne peuvent arriver à posséder une température humide identique à celle des véritables, sans que celle-ci y soit provoquée par une grande abondance d'eau jetée dans les sentiers, sur les murs, les bâches, toutes les surfaces d'évaporation enfin. Ce n'est qu'en tenant l'air toujours humidifié par une évaporation lente et continue, que l'on arrive à obtenir le degré nécessaire et favorable. Cette humidité doit être provoquée tous les jours et depuis le temps où les *Caladium* sont transportés dans la serre jusqu'au moment où arrive leur saison de repos ; à partir de cette époque, il convient de tenir l'air ambiant relativement et progressivement sec.

Lumière. — On a vu à l'article « : Élevage sur couche » quel était le degré de lumière octroyé aux *Caladium* pendant leur végétation ; il ne doit pas en différer d'un seul point dans les serres.

Pour ombrager, nous conseillons toujours de ne pas avoir recours au badigeonnage des vitres, mais d'employer les claies à jour.

Ces claies ne doivent être descendues sur les plantes, en plein été même, que vers huit heures et demie du matin pour être relevées à quatre heures du soir.

Selon l'orientation de la serre, si elle est à deux versants, il faut immédiatement, lorsque les rayons solaires n'ont plus de force d'un côté, en remonter les claies pour laisser les plantes jouir de la vive lumière.

Par les temps couverts, il faut s'abstenir de descendre ces mêmes claies.

Nous devons faire remarquer ici qu'il est préférable que les claies ou toiles destinées à ombrer une serre, ne soient pas posées à même sur le vitrage, mais qu'au contraire il doive exister un vide d'au moins 15 centimètres de hauteur, qui établisse un courant d'air et ne provoque pas ainsi une sécheresse préjudiciable à l'intérieur de la serre.

Culture en plein air. — Des feuilles à la contexture aussi légère que celle des *Caladium* semblent ne pas pouvoir résister aux intempéries du plein air, même dans des endroits abrités et ombragés. Le vent, la pluie, quelquefois la grêle et les variations de température ont vite abîmé ces limbes fragiles et souvent transparents. Nous avons essayé d'acclimater ces plantes pendant la saison estivale et le résultat, variable avec les années, ne peut pas, au total, être considéré comme bon dans le nord de la France. Ces expériences ont été faites à Lille.

Nous avions préparé des plantes vigoureuses par une bonne culture en pot ; au mois de juin et après les avoir progressivement habituées à la température extérieure en leur donnant beaucoup d'air le jour, une quinzaine avant la sortie et même la nuit les quelques jours qui précédaient celle-ci, nous les avons plantées avec leur pot dans une corbeille ombragée par un grand *Catalpa* et à l'abri de tous les vents.

Le feuillage se maintenait généralement en assez bon état, mais les plantes ne poussaient plus une fois à l'air libre. Une année, cependant, où l'été avait été particulièrement chaud, le résultat a été meilleur et la corbeille, pour n'être pas splendide, offrait cependant un joli coup d'œil.

Nous plantions toujours des terrines formant de fortes touffes composées de variétés à feuilles plutôt moyennes ou petites que trop grandes.

Les sujets ne doivent surtout pas être étiolés, car les pétioles casseraient vite.

Le choix des variétés n'est pas non plus indifférent ; et seules, celles qui possèdent encore des parties vertes (chlorophyllées) doivent être employées ; les variétés à feuilles transparentes ou à tons délicats doivent être éliminées dans cette culture.

Cette question de la culture en plein air de ces Aroïdées est toujours à l'ordre du jour et si celle-ci n'est guère possible dans le nord de la France, elle pourrait cependant donner de beaux résultats dans les provinces plus chaudes, comme l'ouest et le midi de notre pays.

Voici à ce sujet un extrait d'une lettre publiée dans la *Revue Horticole* (année 1895, page 532), émanant de M. Scalarandis, jardinier-chef des jardins royaux de Monza (Italie). :

« Sous le climat de Monza (Lombardie), en situations chaudes et bien ombragées par des grands arbres, j'ai toujours obtenu un très joli effet artistique en formant des corbeilles avec un mélange de *Caladium* à feuilles colorées et d'*Anthurium Andreanum* avec ses hybrides. L'expérience m'a obligé de former une collection avec culture spéciale de *Caladium* pour l'ornementation des corbeilles du dehors, et une autre collection avec une autre culture pour les décorations des serres et des appartements.

« Les variétés de *Caladium* que j'emploie avec succès pour les corbeilles en dehors sont les suivantes :

« *Alcibiade*, *Argyrites*, *Albert Victor*, *Bicolor Fulgens*, *Bara*, *Jean de Rothschild*, *Chrysophyllum*, *Houlletianum*, *Louis Poirier*, *Le Play*, *Madame A. Bleu*, *Madame Huber*, *Meyerbeer*, *Paul Véronèse*, *Rossini*, *Queen Victoria*, *Virgile*, *Vicomte de la Roque-Ordan*, *Virginale* et *Triomphe de l'Exposition*.

« Pour obtenir ces variétés dans toute leur beauté pour une période de 3 à 4 mois, je leur donne la culture très simple que voici :

« Dans les premiers jours du mois d'octobre, je retire des corbeilles du dehors tous les *Caladium* sans couper aucune feuille, ni les déranger dans leur pot, ni donner aucun arrosement ; je les arrange dans une place bien sèche en serre chaude et je conserve les potées jusqu'au mois de mars.

« A cette époque, sans diviser les bulbes (ou le moins possible), avec un bon nettoyage et un rempotage dans des petits pots avec bonne terre préparée, je les place sur une couche chaude. En avril, je leur donne un deuxième rempotage dans des pots de 15 à 20 centimètres de diamètre ; je prépare une autre couche chaude et j'y dépose les plantes avec une distance entre elles convenable pour leur développement ; ces plantes restent ainsi jusqu'à la fin du mois de mai.

« Avant de les sortir, je commence une quinzaine de jours d'avance par leur donner de l'air pendant la journée, pendant les premiers huit jours, et je laisse à l'air jour et nuit dans les derniers jours où elles restent sur la couche.

« Avec cette culture de méthode bien facile, j'obtiens neuf cents plants de *Caladium* bien touffus, avec des feuilles pas trop grandes, mais ayant des coloris éclatants et assez robustes pour donner un bon résultat dans les corbeilles depuis le mois de juin jusqu'à la fin de septembre. » M. E. André ajoute, non sans raison :

« Le climat de la Lombardie ne diffère pas beaucoup de celui de la France moyenne : les hivers y sont rudes, mais les étés sont très chauds et c'est là le secret de la réussite de ces plantes tropicales. Néanmoins, ces conditions peuvent être reproduites en France en de nombreux endroits. »

En somme, c'est une culture à essayer encore un peu partout, surtout sous des climats plus chauds que celui de Paris et du nord de la France, et où l'on pourrait espérer un succès complet.

REPOS DES TUBERCULES

Les *Caladium* sont des Aroïdées vivaces et tuberculeuses dont la végétation est annuelle.

Ils entrent dans la catégorie des autres genres herbacés de cette famille ; *Alocasia*, *Amorphophallus*, *Richardia*, *Remusatia*, *Sauromatum*, etc., plantes exigeant toutes un repos parfaitement accusé pendant notre saison hivernale. Généralement la végétation de ces plantes, des *Caladium* surtout, par quelques signes très distinctifs, indique le commencement du repos qu'elles demandent. Le port change d'aspect, les feuilles semblent trop lourdes à soutenir au pétiole, leur coloris perd sa beauté première et même les premières feuilles commencent à jaunir; voilà à quoi se reconnaît le moment où il est indispensable, par une privation raisonnée et bientôt totale des arrosements, de l'humidité et de la trop grande chaleur, de préparer les tubercules à leur repos.

L'époque de ce repos est variable. Si les tubercules ont été mis en végétation de bonne heure, on doit les faire reposer de bonne heure aussi en automne ; si au contraire ils l'ont été tard en saison, celui-ci ne doit arriver qu'en octobre. En tout cas,il est indispensable pour l'avenir et la santé des tubercules.

Une fois que les *Caladium* entrent dans l'époque du repos, on place les pots à nu sur couche ou en serre, en plein soleil, de manière que les feuilles se fanent complètement et que la terre devienne tout à fait sèche. Au fur et à mesure que les fanes deviennent jaunes, il faut les supprimer en les coupant rez-terre et entretenir les pots dans une rigoureuse propreté, qui chasse l'humidité ou ne lui donne pas de prise.

Il ne faut jamais couper les feuilles lorsqu'elles sont encore vertes : plus ou moins tôt, elles sècheront d'elles-mêmes.

En général, lorsque les *Caladium* ont entièrement perdu leurs feuilles, on rentre les pots en serre chaude, 18 à 20° C. et on les place le plus souvent le long des tuyaux de chauffage, côte à côte ou sous de grandes plantes sur le quai, de façon à maintenir le repos sans tentative de renouvellement de la végétation.

Chez un grand amateur de plantes où nous avons pratiqué cette culture, nous les conservions, en hiver, de la manière suivante : sitôt que les tubercules sont à l'état sec, on les sort de terre, les nettoie, puis ils sont placés dans des sacs en papier qui portent le nom de la variété. Ces sacs une fois fermés sont mis dans un coffre en bois traversé par des tuyaux de chauffage. La chaleur de ce coffre hermétiquement clos se maintient régulièrement pendant tout l'hiver de 30 à 35° C. Les tubercules ne souffrent généralement pas de cette manière de reposer.

Nous préférons toutefois le repos des *Caladium* dans leurs terrines ; mais lorsqu'on en possède une grande quantité, le moyen décrit ci-dessus peut être utilement employé.

Cette saison de repos commence normalement en octobre pour finir en mars, époque à laquelle il est temps de songer à remettre végéter les *Caladium*.

MULTIPLICATION DES CALADIUM

On multiplie les *Caladium* de deux manières : par le sectionnement des bourgeons ou yeux latéraux développés et le semis.

Le premier mode de propagation est sans contredit le meilleur, car il renferme les deux qualités d'être facile et rapide en même temps. La multiplication par semis, à part qu'elle est plus lente, offre encore un immense inconvénient qui la fait rejeter par la plupart des jardiniers : c'est que les graines ne reproduisent jamais intégralement les caractères de leur mère; or, trouvant plus souvent dans les sujets ainsi obtenus des variétés médiocres, mauvaises même, alors que les belles sont très rares, nous conseillons aux simples amateurs de la rejeter, car le déboire serait trop grand; il faut le laisser à ceux qu'intéresse la fécondation artificielle.

Décrivons ces deux modes de multiplication :

Multiplication par bourgeons ou yeux latéraux. — On ne peut fixer d'époque pour opérer de cette manière, mais elle peut être pratiquée pendant toute la saison végétative de ces plantes.

En général, on peut opérer lorsque les bourgeons sont parfaitement développés et munis de une ou deux petites feuilles. Ils peuvent se trouver en cet état au printemps (époque de la mise en végétation), en été et le plus communément en automne. Lorsqu'on a opéré dans ces deux dernières saisons, il faut maintenir la végétation des jeunes plantes jusqu'à ce qu'elles aient formé un bulbe. Les multiplications faites tard en automne devront passer l'hiver en végétation et ne se reposer qu'à l'automne suivant.

Le *Caladium* est une plante herbacée à souche tuberculeuse, dont le tubercule émet à la végétation un bourgeon central qui renferme les organes foliacés et floraux. Quelquefois cet œil principal est entouré — cela sur toute la surface supérieure du tubercule — d'yeux latéraux rarement développés. Ce sont ces yeux qui servent à la propagation de l'espèce.

Si ces bourgeons secondaires se trouvent à l'état latent, ce qui arrive généralement surtout si l'œil principal est très vigoureux, il faut aider à leur développement en supprimant le premier; de cette manière le bulbe en végétation se trouve obligé d'émettre ses autres bourgeons qui bientôt se développent et fournissent matière à multiplication.

On soumet pour cela les tubercules à la mise en végétation (voir cet article) au tout premier printemps; ils sont traités comme les autres plantes jusqu'au moment favorable pour être opérés.

Expliquons l'opération :

Lorsque les bourgeons latéraux se trouvent pourvus de une ou deux feuilles, on les sèvre de leur mère de la manière suivante :

Avec un canif on enlève dextrement l'œil, tout en ayant soin de laisser à sa base une petite portion du tubercule multiplicateur : c'est un point capital de réussite.

Les bourgeons une fois séparés, on les empote en terre de bruyère sableuse, en tout petits godets à bouture et on les place en serre à multiplication, à l'étouffée. Au bout de quinze jours les racines apparaissent déjà, puis, au fur et à mesure que la végétation s'accélère, on rempote graduellement; au bout de deux ou trois mois on peut les traiter comme plantes faites et les cultiver sur couche.

Multiplication par le semis. — Il a été prouvé que toute graine d'Aroïdée demande à être semée fraîche, aussitôt sa maturité, pour donner une bonne germination.

Cette règle générale comprend aussi les *Caladium*,

mais il faut faire ici une exception qu'il nous a été donné de remarquer.

Nous avons semé de ces graines quatre mois environ après leur maturité et quoique nous n'ayons pas obtenu un résultat complet, nous avons noté une levée de 60 0/0 des graines semées.

Malgré cette facilité qu'elles possèdent de garder leur qualité germinative jusqu'au laps de temps précité, et peut-être plus longtemps, nous conseillons de les semer sitôt la récolte.

Voici comment nous avons obtenu un bon résultat :

On emplit des terrines ordinaires ou des pots — 10 à 15 centimètres de diamètre — d'environ 3 centimètres de tessons de pots et de morceaux de charbon de bois, puis on achève de les remplir avec un compost formé de terre de bruyère, racines fibreuses et sphagnum vivant, par tiers et le tout haché menu. Les graines sont semées là-dessus et ne doivent pas être recouvertes.

On place les pots ou terrines dans la serre à multiplication — 20 à 25° C. — à l'étouffée, sous châssis ou sous cloche.

La germination a ordinairement lieu au bout de quinze jours ou trois semaines, mais elle peut continuer pendant plus d'un mois. Lorsque les jeunes semis ont une feuille, on les repique dans le même compost, en terrines, à environ 2 centimètres les uns des autres. Un mois ou six semaines après, on procède à un nouveau repiquage en terrines, à 4 centimètres d'intervalle, mais en terre de bruyère pure.

Lorsque les feuilles commencent à se toucher, on procède à l'empotage en petits godets de 6 à 7 centimètres de diamètre, en terre de bruyère. Il va sans dire que, pendant ces différentes opérations, on fait laisser les jeunes plants en serre chaude et le plus près du vitrage possible. Lorsqu'ils se trouvent en godets, on peut les placer sur couche chaude ou les garder en serre. A partir de cette époque on commence à ne pas leur ménager les arrosements, et, selon la vigueur des sujets, on donne un autre rempotage en godets de 10 centimètres de diamètre. A ce moment on peut traiter les semis comme plantes faites. La saison de repos ne diffère pas de celle donnée aux autres tubercules et elle peut être aussi longue.

Faisons remarquer que la caractérisation des *Caladium* obtenus de semis n'a lieu qu'après deux ou trois années de culture.

Colocasia, Schott.

Le genre *Colocasia*, de *Kolokasia*, nom grec de la racine d'une plante d'Égypte, a été fondé par Schott et comprend six espèces de plantes herbacées, à rhizome vivace, tubéreux ou rampant, originaires de l'Amérique tropicale et des Indes orientales, et dont une est cultivée dans toutes les régions chaudes au point de vue alimentaire pour son tubercule féculent qui, à l'état frais, renferme un principe âcre, mais est très bon à manger cuit. Feuilles peltées; pédoncules courts, terminés par une spathe droite ou en capuchon; spadice portant les organes des deux sexes avec une interruption, avec organes rudimentaires au-dessous, et parfois au-dessus des étamines, terminé par un prolongement stérile en massue ou acuminé. Anthères au nombre de plusieurs; ovaires nombreux, serrés, libres; stigmate presque en tête. Baie.

ESPÈCES

Colocasia antiquorum. Schott. Indes orientales. 1851. Cultivé au point de vue alimentaire sous les tropiques, et appelé *Taro*, comme le *C. esculenta*. Feuilles ovales-cordiformes, peltées, d'un vert violacé.

C. Devansayana. Nouvelle-Guinée. 1886. — Tige courte, épaisse; feuilles glabres, dressées, ovales-aiguës avec les nervures principales saillantes, brunes sous la page inférieure des feuilles.

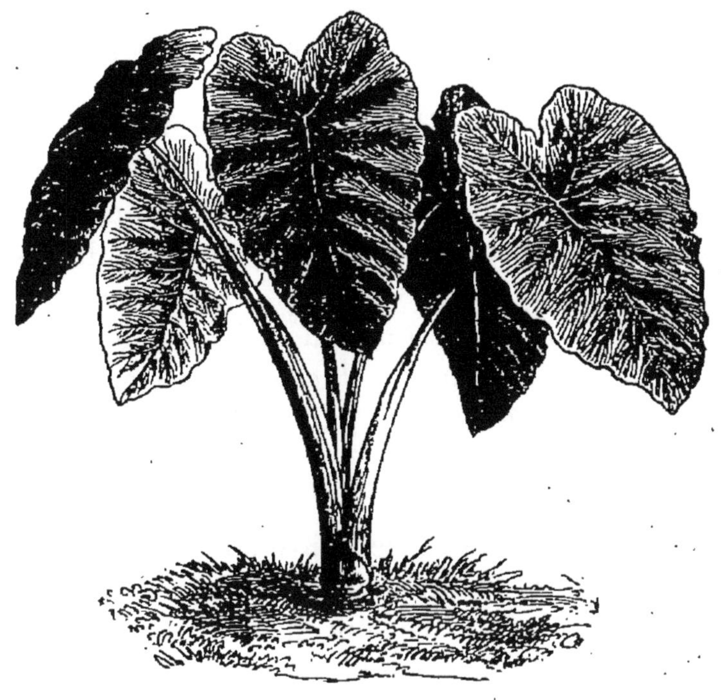

Fig. 16. — Colocasia esculenta.

C. esculenta. Schott. = *Arum esculentum*. *L.* = *Caladium esculentum*. Vent. (*nom le plus répandu donné à cette plante*). Nouvelle-Zélande, Iles Sandwich. 1739. Noms français : *Colocasie*, *Chou caraïbe*, *Gouet comestible*,

Taro, etc. Tubercule volumineux avec l'âge, plus ou moins ovoïde et à écorce rugueuse et presque noire, pétioles vigoureux atteignant 1 mètre de longueur et plus, feuilles grandes, ovales-cordiformes, d'un vert glauque, et prenant à leur complet développement une position presque verticale.

C. indica. Kunth. = *Arum indicum*. Lour. Iles Sandwich. 1824. Espèce caulescente, atteignant près de 2 mètres de hauteur, à tige simple, dressée, garnie au sommet des feuilles ovales-cordiformes.

C. nymphæfolia. Kunth. = *Caladium nymphæfolium*. Vent. Indes. 1880. — Tige nulle, feuilles sagittées d'un vert tendre, formant contraste avec le pétiole qui est d'un blanc mat.

C. odora. Brong. — *Caladium odorum*. Roxb. Pérou. 1818. — Tige simple, charnue et portant la cicatrice des anciennes feuilles, dressée, développant quelquefois des bourgeons au pied; pétioles longs de près d'un mètre, feuilles glabres, cordiformes, fendues en deux lobes arrondis à la base, horizontales ou obliques. Son nom de *C. odora* lui vient de ses fleurs très odorantes, vert pâle.

CULTURE DES COLOCASIA

Toutes les espèces de ce genre sont très ornementales par le port, l'ampleur du feuillage et la vigueur de la végétation. Elles sont assez rustiques pour supporter le plein air pendant la belle saison, c'est-à-dire de juin aux premières gelées, à la condition d'être plantées à bonne exposition et à l'abri des vents. Elles demandent un sol riche, frais et profond, un bon paillage, et d'abondants et fréquents arrosements pendant les grandes chaleurs. Ajoutons que des engrais liquides aident beaucoup à augmenter la vigueur des plantes en stimulant la végétation déjà vigoureuse de sa nature.

Bien que les autres espèces puissent être employées au même titre et cultivées de la même façon, le *Colocasia esculenta* (*Caladium esculentum des jardins*) est le plus répandu, en raison de la facilité relative de sa culture, et de sa rusticité à supporter en été le climat des environs de Paris.

Il est surtout employé à la décoration des pelouses où on le plante isolément, ou en groupe ; on s'en sert beaucoup aussi pour la formation de grandes corbeilles, mélangé aux *Canna*, *Eucalyptus*, *Wigandia*, *Musa*, etc., et où l'air franchement exotique de ses feuilles amples, nombreuses, se présentant élégamment, apporte un ornement remarquable à la décoration estivale des jardins. C'est aujourd'hui une des plantes les plus répandues et les plus justement appréciées.

La culture, sans être difficile, demande néanmoins quelques soins spéciaux, desquels dépend toute sa réussite. Voici comment nous la pratiquons :

Après avoir eu soin de supprimer tous les yeux latéraux qui montrent une tendance à se développer et les avoir débarrassés des racines mortes, nous empotons vers le 15 mars nos tubercules de *Colocasia* en pots variant suivant leur grosseur, c'est-à-dire de 20 à 25 centimètres de diamètre. Le compost employé est un mélange par tiers de terre franche (terre à blé), terreau de fumier et de terre de bruyère. Les tubercules sont enterrés jusqu'au niveau de l'œil principal. Auparavant, on aura fait une bonne couche composée de moitié fumier de cheval et moitié feuilles, afin que la chaleur dure plus longtemps, et garnie de coffres assez hauts pour pouvoir abriter plus tard les *Colocasia* sans les gêner, c'est-à-dire ayant de 0m80 à 1 mètre de hauteur. Lorsque la couche a jeté son *coup de feu*, on enterre les pots de *Colocasia* dans le terreau jusqu'à environ la moitié de leur hauteur ; les arrosements nécessaires sont donnés à l'arrosoir à pomme, et l'aération est faite vers le milieu de la journée, lorsque la température intérieure dépasse 30° centigrades.

On couvre la nuit avec des paillassons. La végétation ne tarde pas à se manifester par l'apparition de nombreuses racines et des premières feuilles.

Les arrosements doivent devenir plus nombreux et l'aération être plus forte à mesure que les journées sont plus chaudes et que le soleil a plus de force, on ombre alors légèrement avec de la paille longue jetée sur les châssis.

Les bourgeons latéraux qui peuvent se développer sont supprimés. Lorsque les plantes commencent à se gêner, on les dispose à une distance convenable. Vers la fin de mai, les châssis sont posés sur des pots de façon à habituer les *Colocasia* à l'air. S'il arrive une pluie chaude et légère, on dépanneaute pour que les plantes en profitent, et vers le 15 juin on enlève complètement les châssis.

Après avoir choisi l'emplacement où ils doivent être plantés on défonce le sol d'environ 0m60 de profondeur; on étend au fond une couche de fumier chaud d'environ 30 centimètres d'épaisseur, puis on comble avec de la terre mélangée à moitié de terreau à peine décomposé.

Les *Colocasia* doivent être plantés par un temps chaud et plutôt brumeux, sans vent. On arrose abondamment sitôt la plantation terminée et on couvre le sol d'un bon paillis. Les plantes doivent être espacées de 1 mètre à 1m50, suivant leur vigueur ; on doit supprimer les premières feuilles, qui sont généralement petites et mal faites. Pendant l'été, les soins consistent à arroser une fois, puis deux fois par semaine à l'engrais liquide (purin délayé dans l'eau à un huitième). Les arrosements à l'eau doivent être nombreux et suivis. Sitôt que la première gelée a attaqué les feuilles, on coupe celles-ci à environ 15 centimètres du collet, en ne touchant pas à celles du cœur ; on relève les plantes en les secouant pour faire tomber le plus de terre possible, puis on les laisse quelques jours à l'abri dans un lieu sec ; peu après, elles sont empotées à l'étroit dans des pots de 0m15 à 0m20 de diamètre et dans une terre légère. Les pots sont placés en serre tempérée, le long des tuyaux de chauffage. Il ne faut pas négliger d'enlever les pétioles à mesure qu'ils sont secs, et d'entretenir les plantes en bon état de propreté. Nous conseillons d'arroser modérément pendant l'hiver, afin de ne pas suspendre toute végétation, et de façon à conserver en vigueur l'œil principal, ce qui aide beaucoup au rapide développement des bourgeons au printemps suivant.

Curmeria, Linden et André.

Le genre *Curmeria*, dédié à M. L. Curmer, éditeur de plusieurs ouvrages sur l'histoire naturelle, a été fondé par MM. Linden et Ed. André pour le *Curmeria picturata*, plante à beau feuillage, originaire de la Nouvelle-Grenade.

Ce genre, qui se rapproche des *Homalonema* et que les auteurs modernes ont réuni à celui-ci, en diffère par les organes générateurs rudimentaires faisant défaut, un ovaire quadriloculaire, le stigmate discoïde, le port acaule, une spathe non aromatique et enfin la patrie américaine. (I. H. 1873, page 45.)

Nous avons maintenu ce genre précisément parce que ces plantes diffèrent comme faciès général des *Homalomena* et par certains détails culturaux.

Ce sont de charmantes plantes à beau feuillage décoratif, qui devraient avoir leur place marquée dans toute serre chaude où l'on cultive des Aroïdées.

ESPÈCES

Curmeria picturata. Linden et André. = *Homalonema picturata*. Regel. Régions chaudes de la Nouvelle-Grenade. — Plante herbacée, acaule, à rhizome vivace, épais, à feuilles elliptiques cordiformes, peintes au milieu d'une large zone argentée ou pourprée, suivant l'âge et la variété, couvertes d'un *tomentum* long et fin, à pétioles longuement invaginés, à pédoncule court, à spathe verte, glabre, longue de 6 à 7 centimètres, à suc un peu âcre. (Extrait de la *Revue Horticole*, 1873.)

C. Wallisi. Masters. = *Homalonema Wallisi*. Régel. Colombie. 1877. — Plante acaule, feuilles courtement pétiolées, ovales oblongues, arrondies et un peu rétrécies à la base, acuminées au sommet, d'un vert foncé, bordées de blanc et parsemées de taches jaunes d'or sur la page supérieure du limbe. Très belle espèce.

On connaît encore le *Curmeria Rœzli. Mast.* = *Homalonema Rœzli*. Regel, de la Colombie, qui possède des feuilles cordiformes, longuement pétiolées, ovales, oblongues, arrondies ou un peu rétrécies à la base, portant quelques macules jaunes.

CULTURE DES CURMERIA

Elle diffère peu, en général, de celle donnée aux *Aglaonema;* même compost, mêmes récipients; le *C. picturata*, plus délicat que le *C. Wallisi*, demande quelques soins spéciaux pour qu'il soit possible de conserver son feuillage fragile en bon état; il doit être tenu à une température élevée, humide et régulière, 22 à 25° centigrades. Nous le cultivons sous châssis fermé dont la buée est essuyée matin et soir avec soin ; pendant les journées ensoleillées, et malgré l'ombrage de la serre, on place sur les châssis des feuilles de papier qui ne sont retirées que lorsque le soleil n'est plus à craindre. Il faut avoir soin de ne pas mouiller par les arrosements, et éclabousser de terre les feuilles qui se trouvent presque appliquées sur le sol ; à cet effet, on fait bien d'étendre sur celui-ci une couche de sphagnum. Les feuilles sont enroulées en cornet à leur apparition et doivent être bien placées, afin qu'elles puissent se développer librement. Les limaces en sont friandes et y causent vite des dégâts ; il importe donc de visiter souvent les plantes ; la cochenille s'y met quelquefois aussi ; on l'enlève avec un pinceau doux, car le parenchyme des feuilles est très délicat.

Le *Curmeria Wallisi* est plus robuste, ses feuilles coriaces sont moins fragiles; mais, à part cela, il demande les mêmes soins.

Arrosements parcimonieux d'octobre à mars, afin d'éviter le renouvellement de la végétation.

Rempotage annuel.

On multiplie les *Curmeria* par le bouturage des rejets qui se développent naturellement autour de la souche, et ces rejets sont séparés en mars, époque du rempotage des plantes.

On peut aussi sectionner les rhizomes en tronçons qu'on soumet à la chaleur concentrée afin qu'ils émettent des bourgeons.

Traitement des boutures.

Cyrtosperma, Griffith.

Le genre *Cyrtosperma*, de *kyrtos*, arqué, et *sperma*, graine, fondé par Griffith, comprend environ 16 espèces de plantes herbacées, vivaces, originaires de l'Asie, de l'Afrique et de l'Amérique tropicales, dont l'aspect général les rapproche des *Alocasia*, mais surtout remarquables par les épines situées sur les pétioles.

On trouve assez souvent dans les collections d'amateurs le *C. Johnstoni*, sous le nom d'*Alocasia Johnstoni;* la culture de ces plantes ne diffère d'ailleurs aucunement de celle des *Alocasia* et elles se multiplient de la même façon.

C. ferox. — Cette intéressante Aroïdée se distingue immédiatement par la forme plus nettement hastée de ses feuilles et le vert uniforme des deux faces, quoique un peu plus pâle à la page inférieure. Les pétioles sont vert noirâtre marbré de rouge foncé d'une façon charmante. Le pédoncule est épineux ainsi que les pétioles, mais non marbré de rouge. La spathe, lancéolée, acuminée, est d'un blanc grisâtre ou verdâtre face intérieure ou supérieure, et d'un violet brunâtre très brillant, nervé de jaune sur la face extérieure ou inférieure, car la spathe s'étend plus ou moins horizontalement. Le spadice a une tige courte, épaisse, verte, et est blanchâtre, délicatement nuancé de lilas. Par son caractère distinct et son superbe aspect, cette nouveauté formera une précieuse addition à nos plantes de serre à feuillage décoratif. C'est une heureuse acquisition à ajouter aux lots des Aroïdées épineuses, une plante éminemment ornementale. (Extrait du catalogue de M. M. Chantrier, à Mortefontaine.)

C. Johnstoni. N. E. Brown. = *Alocasia Johnstoni*, Hort. Iles Salomon. 1875. — Feuilles presque dressées, hastées, peltées, à lobe terminal d'environ 30 centimètres de long, les deux inférieurs de 35 centimètres de long, divergents ; pétioles longs de plus d'un mètre, d'un vert clair avec des bandes roses, disposées entre des épines raides, à pointe dressée vers le haut, et réunies en faisceaux placés irrégulièrement.

Dieffenbachia, Schott.

Le genre *Dieffenbachia*, dédié au Dr Dieffenbach, botaniste allemand, a été fondé par Schott et ne comprendrait, selon Bentham et Hooker, qu'une demi-douzaine de vraies espèces, toutes originaires de l'Amérique tropicale.

Ce sont des plantes caulescentes, charnues, à végétation généralement vigoureuse et à développement rapide, à feuilles le plus souvent grandes, se rapprochant plus ou moins de la forme ovale, d'une contexture le plus souvent épaisse, généralement maculées de taches blanches ou jaunâtres, irrégulières, parfois transparentes ; quelquefois, le pétiole lui-même est coloré.

Pédoncules courts; spathe convolutée; spadice soudé à la spathe dans le bas où il porte des fleurs imparfaitement hermaphrodites, libre dans sa partie supérieure où il ne porte que des étamines, celles-ci nombreuses, soudées en verticille autour d'un support commun, tronqué, ovaires en grand nombre, entouré chacun de trois staminodes en massue; stigmate discoïde, sessile.

Baies uniloculaires, monospermes.

ESPÈCES

D. amazonica. Hort. Amazone. 1872. — Plante trapue; feuilles ovales-allongées, acuminées, de grandeur moyenne, d'un vert tendre et à nervure médiane tachée de blanc.

D. amœna. Amérique tropicale. 1880. — Feuilles d'un vert foncé, oblongues-aiguës, maculées sur les deux faces de taches blanches et jaune pâle. Plante naine et très décorative.

D. antioquensis. Lind. et André. Nouvelle-Grenade. 1875. — Plante remarquable; feuilles elliptiques, arrondies à la base et terminées au sommet par un long mucron canaliculé; toute la surface est parsemée de macules élégantes et irrégulières, qui deviennent d'un vert jaunâtre et sont très nettement dessinées. La contexture du feuillage est ferme, et sa couleur vert foncé fait paraître avantageusement les macules.

D. Baraquiniana. Ch. Lem. = *D. Verschaffelti*. Hort. Brésil. 1864. — Plante pouvant atteindre plus de 1m50, à tige simple portant la cicatrice des anciennes feuilles; celles-ci sont inéquilatérales, longues de 30 à 40 centimètres, larges de 15 à 20 centimètres, d'un beau vert luisant et marquées de taches blanches translucides, la nervure médiane est d'un blanc pur, et les pétioles d'un beau blanc d'ivoire. Très joli.

D. Bowmani. Hort. Brésil. 1871. — Plante robuste; feuilles très grandes, atteignant jusqu'à 80 centimètres de longueur sur 30 centimètres de largeur, maculées abondamment de vert très tendre sur un fond vert foncé. Espèce très vigoureuse.

D. brasiliensis. Veitch. Brésil. 1872. — Feuilles longues d'environ 40 à 45 centimètres, irrégulièrement maculées de blanc verdâtre et de jaune pâle.

D. Carderi. W. Bull. Nouvelle-Grenade. 1880. — Plante d'un beau port, feuilles oblongues-ovales d'un beau vert foncé, un peu défléchies et sur lesquelles tranchent bien les macules régulièrement distribuées.

D. Chelsoni. Hort. Bull. Colombie. 1876. — Feuilles d'un beau vert foncé satiné, à côte médiane marquée d'une bande grise s'étendant en lignes transversales sur un tiers de chaque côté du limbe, dont le reste de la surface est ponctué de jaune vert brillant d'un bel effet.

D. costata. Klotz. = *D. macrophylla*, Pœpp. Nouvelle-Grenade. 1860. — Feuilles d'un beau vert foncé velouté, ondulées sur les bords; nervure médiane d'un blanc d'ivoire et macules irrégulières de la même nuance.

D. decora.

D. delecta. Hort. Colombie. 1880. — Feuilles elliptiques-lancéolées, longues de 20 à 25 centimètres, étalées, à surface lustrée, panachées de blanc; la tige est ponctuée de gris.

D. eburnea. Hort. Brésil. 1868. — Feuilles oblongues-lancéolées, d'un vert clair, abondamment pointillées de blanc. Espèce compacte et très jolie.

D. gigantea. Versch. Brésil. 1864. — Espèce vigoureuse, à feuilles vertes tachées de points blancs; la tige vert foncé est bigarrée de macules jaunâtres.

D. grandis. Versch. Brésil. 1864. — Feuilles grandes, maculées de blanc d'argent.

D. Imperator. Hort. Colombie. — Plante naine, feuilles d'environ 40 centimètres de long sur 12 centimètres de large, ovales-lancéolées, d'un vert olive, tachetées et ponctuées de jaune pâle et de blanc.

D. imperialis. Lind. et André. Am. du Sud, 1868. — Jolie espèce, à feuilles d'un vert foncé, maculées de jaune, à nervure médiane grisâtre.

D. insignis. Hort. Nouvelle-Grenade. — Plante à végétation vigoureuse, à tige et pétioles verts, à feuilles grandes, obliquement ovales, d'un vert foncé, ornées de macules anguleuses d'un vert jaunâtre paraissant blanches en dessous.

D. Jenmanni. Hort. Veitch. Guyane anglaise. 1884. — Feuilles oblongues-lancéolées, longues de 25 à 30 centimètres, larges de 8 à 10 centimètres, d'un vert lustré; une bande d'un blanc de lait encadre chaque nervure latérale, entre lesquelles sont encore disposées des macules irrégulières de la même nuance.

Ces bandes et macules sont semi-transparentes, ce qui fait que les feuilles offrent la même panachure sur les deux faces.

D. lancifolia. Lind. et André. Nouvelle-Grenade. 1874. — Feuilles étroites, longuement lancéolées, à gaines blanchâtres et transparentes, pétioles maculés de vert et de blanc; le limbe, cordiforme à la base, est d'une texture parcheminée, d'un beau vert, sur lequel se détachent des macules jaune pâle et blanches.

D. latimaculata. Lind. et André. Brésil. 1871. — Espèce vigoureuse, à tiges dressées et à feuilles étalées retombant autour; feuilles ovales, ondulées, d'un vert glauque foncé, parsemées de taches jaunes inégales de grandeur et plus nombreuses vers le sommet; à la page inférieure les macules paraissent d'un vert pâle.

D. latimaculata illustris. Hort. Bull. Colombie. 1876. — Variété rubanée de jaune, de vert et de gris sur un fond vert foncé.

D. Leopoldi. Hort. Bull. Nouvelle—Grenade. 1885. — Feuilles longuement ovales, d'un vert foncé satiné et traversées par la nervure médiane, d'un blanc d'ivoire, bordées de chaque côté d'une bande blanchâtre. Cette opposition de couleur forme un contraste remarquable et frappant.

D. liturata. Lindl. = *D. Wallisi.* Schott. Colombie. 1870. — Feuilles ovales-lancéolées, vert foncé, marquées le long de la nervure médiane de bandes pointillées de vert clair et tachetées de macules de la même couleur sur les bords.

D. lucinda. Hort. Bull. 1880. — Feuilles vert olive, irrégulièrement marbrées de jaune verdâtre.

D. maculosa. Colombie. 1876.

D. magnifica. Lind. et Rodigas. Venezuela. 1883. — Port robuste; tige et pétioles marbrés; feuilles ovales-lancéolées, luisantes, d'un beau vert, maculées et tachetées de jaune et de vert clair; ces macules suivent la direction des macules secondaires.

D. majestica. Hort. 1882. — Espèce très recommandable; feuilles ovales-oblongues, d'un beau vert foncé, longues d'environ 0m30 sur 0m12 à 0m15 de large, ornées de larges macules d'un jaune brillant.

D. meleagris. Lind. et Rod., Équateur. 1892. —

Plante grêle; feuilles lancéolées, d'un vert foncé maculées de quelques tâches blanches, pétioles marbrés.

D. nitida. Hort. Colombie. — Tige dressée, feuilles oblongues-lancéolées, acuminées, d'un vert foncé luisant, maculées de tâches d'un vert jaunâtre.

D. nobilis. Hort. Bull. Brésil. 1869. — Feuilles ovales-oblongues, longues d'environ 0m45 et larges de 0m20, d'un beau vert foncé abondamment tachetées de blanc, excepté sur les bords, où le fond forme une bande marginale, les pétioles sont sillonés de couleur plus claire. Jolie plante.

D. olbia. Lind. et Rodigas. Pérou. 1894. — Feuilles oblongues, d'un vert foncé, maculées de vert jaunâtre et de blanc.

D. Parlatorei. Lind. et André. Colombie. 1876. — Tige robuste; feuilles épaisses, d'un vert noir, paraissant vernissées, à port tout à fait distinct et remarquable des autres *Dieffenbachia.* Cette espèce contient un violent poison, et quand on brise les pétioles il s'en dégage une forte odeur d'acide prussique.

D. Parlatorei marmorea. Antioquie. 1878. — Variété de l'espèce précédente, à feuilles maculées d'un blanc verdâtre.

D. Pearcei. Hort. Équateur. — Feuilles grandes, oblongues-lancéolées, d'un vert clair, largement maculées de blanc crème et portant sur chaque côté de la nervure médiane une bande de même couleur.

D. picta. Schott. Amérique tropicale. 1820. — Espèce très ornementale, dont les feuilles sont tachetées de blanc et de jaune.

D. picturata. Lind. et Rodigas. Venezuela. 1892. —

Feuilles ovales, oblongues-aiguës, vert foncé maculé de blanc.

D. princeps. Hort. Brésil. 1868. — Plante très ornementale; feuilles un peu obliques, cordiformes sur le côté très étroit, d'un vert foncé parsemées de tâches jaunâtres et traversées dans leur partie centrale par une bande argentée.

D. Reginæ. Hort. Bull. Colombie. — Feuilles oblongues-elliptiques, arrondies à la base, d'un blanc verdâtre, sauf la bordure irrégulière d'un vert foncé, le limbe est encore maculé et strié de cette couleur et forme un contraste frappant avec la teinte générale pâle du feuillage. Espèce très ornementale.

D. Rex. Hort. Amérique du Sud. — Feuilles elliptiques-lancéolées, d'un vert très foncé, fortement panachées de macules irrégulières, blanches, jusqu'à environ 1 centimètre et demi du bord.

D. robusta.

D. Seguine. Schott. Antilles. — Peut atteindre 2 mètres de hauteur, feuilles ovales-oblongues, vert foncé, maculées de taches blanches.

D. Seguine. picta.

D. Shuttleworthiana. Hort. Bull. Colombie. 1878. — Feuilles longuement lancéolées, acuminées, d'un beau vert luisant, fortement nervées et ornées dans toute leur longueur d'une bande blanche argentée.

D. splendens. Hort. Bull. Colombie. 1880. — Feuilles vert foncé velouté, largement marquées de macules blanchâtres; nervure médiane d'un blanc d'ivoire; tiges et pétioles marbrés de vert de différentes nuances.

D. triumphans. Hort. Bull. Colombie. — Feuilles ovales-lancéolées, longues de $0^{m}30$ et larges de $0^{m}10$ à $0^{m}12$, vert foncé, couvertes de larges macules irrégulières, d'un jaune verdâtre. Espèce très remarquable.

D. velutina. Hort. Bull. Colombie. 1877. — Feuilles délicatement veloutées à la page inférieure; pétioles blancs. Jolie espèce.

D. vittata. Hort. Tolima. — Feuilles d'un vert grisâtre, ornées de 2 bandes blanches.

D. Werrei. Berkl. Brésil. 1866. — Espèce naine, feuilles d'un vert brillant, largement maculées et tachetées de jaune.

D. Werrei superba. — Variété différant peu du type.

HYBRIDES

D. Bausei. Regel. Hyb. entre les *D. picta* et *Werrei*, obtenu vers 1870, par M. Bause, de Londres. — Feuilles longues de 30 à 45 centimètres, d'un vert jaunâtre, marginées et marbrées irrégulièrement de vert foncé, maculées de blanc; pétioles blancs.

D. memoria Corsi. Hybride obtenu à Florence par le marquis Corsi-Salviati. — Feuillage complètement argenté, à bordure verte formant un joli contraste.

CULTURE

Les *Dieffenbachia* ne sont pas difficiles à cultiver, mais ils exigent néanmoins quelques conditions indispensables pour acquérir toute leur beauté, celle-ci résidant exclusivement dans le feuillage auquel il faut chercher à donner le plus d'ampleur et la plus grande abondance qu'il est suceptible d'atteindre. On y parvient généralement au moyen d'un compost approprié et de l'emploi d'engrais azotés aidés de la chaleur, des bassinages et de l'humidité athmosphérique. Voici comment nous les cultivons :

Les *Dieffenbachia* sont tenus en serre chaude humide dont la température varie peu entre 18 à 20 degrés centigrades la nuit et 22 à 28 degrés centigrades le jour. Les plantes sont placées sur la tablette de la serre où on les tourne tous les mois environ afin de leur éviter de prendre une *face*; les espèces très vigoureuses et à grand développement sont posées sur un gradin qui leur laisse la place nécessaire pour bien croître en liberté. Les plantes sont rempotées chaque année au mois de mars, dans un compost pouvant fournir la nourriture nécessaire à leur exubérante végétation. Nous employons le mélange suivant : trois quarts de terreau de feuilles ou de terre de bruyère neuve, un quart de terre franche ou plutôt argileuse, le tout préparé quelque temps à l'avance. Le drainage doit atteindre au moins deux à trois centimètres de hauteur. Le rempotage ne doit pas être trop serré. On arrose modérément jusqu'à ce que les plantes paraissent reprises dans leur nouveau récipient.

Peu après, il est bon d'appliquer de l'engrais pour activer la végétation et lui faire atteindre son plus grand développement. Nous employons la bouse de vache délayée dans de l'eau, ou l'engrais humain ; ce dernier est plus actif. La dose doit être d'un dixième pour commencer, en augmentant progressivement jusqu'à concurrence d'un litre d'engrais pour cinq litres d'eau. La poudrette et le sang desséché doivent produire aussi de bons résultats, et il serait intéressant d'essayer l'action des engrais chimiques fortement azotés sur l'économie de ces plantes. Les arrosements à l'engrais peuvent être donnés depuis trois fois par semaine pendant la grande végétation de ces Aroïdées, mais il faut les cesser à partir du mois de septembre.

Pendant les jours ensoleillés de la belle saison, il est bon de ne pas ménager les bassinages qui doivent au moins se répéter deux ou trois fois par jour ; l'ombrage doit être mobile et procuré aux plantes dès que le soleil prend de la force ; mais sitôt qu'il n'est plus à craindre, il faut donner la pleine lumière en roulant les claies des serres. Les pots ne doivent pas être enterrés dans la tannée ou les cendres de la bâche. Les arrosements ont besoin d'être copieux de mars en octobre ; à partir de cette époque, on les diminue sensiblement de façon à maintenir la végétation stationnaire en hiver. Les bassinages sont aussi supprimés. Cette période doit se continuer jusqu'en mars, et c'est pendant ce dernier mois qu'il faut songer à la multiplication des plantes. Celle-ci s'effectue au moyen du bouturage des rameaux et des bourgeons, et du marcottage aérien ; nous ne parlerons pas du semis, dont nous n'avons jamais entendu parler et qui, en tout cas, devrait se pratiquer comme pour les *Anthurium* et les *Caladium*.

Comme cela arrive vite et facilement, on possède toujours des *Dieffenbachia* dont la tige est trop longue, dénudée, chez lesquels la végétation n'est plus vigoureuse et qui demandent alors à être étêtés. On coupe horizontalement et par une section nette, sous la dernière feuille bien verte, la tête des plantes ; après avoir saupoudré de poussière de charbon de bois la coupe de la bouture, on l'empote en godet, en terre de bruyère sableuse, puis on la place dans la vitrine de la serre à multiplication, à l'étouffée et à la chaleur de fond ; des bassinages fréquents sont donnés sur les feuilles afin d'éviter une trop grande fanaison et, au besoin même, on les attache ensemble. La reprise est prompte et arrive ordinairement après trois à cinq semaines. La plante mère étêtée peut être placée dans la serre à multiplication où elle développera des bourgeons latéraux qui seront coupés dès qu'ils auront quelques feuilles, en opérant l'ablation avec un petit morceau de talon qui assurera la reprise; on les traite d'ailleurs comme les boutures de tête.

Il existe encore un autre moyen d'utiliser les troncs des *Dieffenbachia*, c'est de les couper par tronçons variant en longueur de 15 à 30 centimètres environ; ces tronçons peuvent rester entiers ou être coupés en deux dans le sens de leur longueur; après les avoir saupoudrés de charbon et avoir laissé quelques jours la plaie sécher à l'air, ce qui a pour but de prévenir la pourriture, on les enterre soit dans le gravier de la bâche à multiplier, soit dans la cendre, à la chaleur de fond et à l'étouffée; c'est d'ailleurs le même procédé que nous employons pour les *Dracæna*. Des bourgeons se développent après un certain temps; lorsqu'ils ont deux ou trois feuilles, on les sèvre du tronc où ils ont pris naissance en ayant soin de leur laisser un talon. Ce moyen procure une multiplication facile et rapide de ces plantes, surtout avantageuse en ce qu'elle fait obtenir des sujets pourvus pendant quelque temps de feuilles jusqu'à leur base, ce qu'il est presque impossible d'obtenir avec des boutures de tête.

Pour l'obtention de beaux spécimens, nous pratiquons le marcottage aérien. On prépare d'abord la tige à marcotter en enlevant toutes les feuilles tant soit peu jaunes ou vieilles; le plus près possible de celles qui restent on fait une incision circulaire avec enlèvement d'écorce, large d'environ 2 centimètres et profonde de 5 millimètres à 1 centimètre, suivant l'épaisseur de la tige ; on saupoudre de charbon.

Au préalable, on aura fendu un pot de 12 à 15 centimètres de diamètre en deux parties, dans le sens de la longueur, et agrandi le trou de drainage qui devra laisser passer la tige. Les deux parties du pot seront alors réunies, entourant la tige et serrées au moyen d'un fil de fer de telle façon que l'incision se trouve être environ au milieu de la hauteur du récipient. S'il existe des vides au fond du pot, on les bouche avec des tessons, puis on remplit celui-ci avec un compost formé de deux parties de terre de bruyère fibreuse et une partie de *sphagnum* vivant, le tout bien mélangé ; à la surface on étend encore une couche de cette mousse qui maintiendra l'humidité.

Il faut bassiner chaque jour de façon à tenir le compost humide. On peut placer un tuteur comme soutien au pot, mais c'est presque toujours inutile lorsqu'il s'agit de marcotter des tiges droites. Ce marcottage doit se pratiquer en mars, époque de la végétation nouvelle de ces plantes. Deux à quatre mois sont presque toujours suffisants pour l'enracinement des marcottes, quoique cela puisse exiger davantage de temps. Lorsque l'on voit que les racines sont développées, on peut commencer le sevrage graduel des marcottes. A cet effet, on opère juste sous le pot de la tige marcottée une incision pénétrant environ au tiers du diamètre de celle-ci ; si les feuilles ne fanent pas, l'opération est recommencée une quinzaine de jours plus tard, en incisant alors jusqu'à la moitié. Un tuteur devient nécessaire pour soutenir la tête ; huit jours après on coupe entièrement la plante qui est de suite rempotée si les racines sont abondantes et placée dans la vitrine de la serre à multiplication, à une bonne chaleur de fond, bassinée fréquemment sur le feuillage et tenue à l'ombre quelques jours pour la reprise.

Par ce procédé, nous perdons rarement plus d'une ou deux feuilles ; de plus, elles ont gardé leur ampleur puisqu'elles proviennent d'une plante adulte et, résultat surtout remarquable, la tige est garnie jusqu'à la base. Au rempotage suivant, on l'enterre le plus possible et la plante traitée à l'engrais forme vite un spécimen de très belle venue.

Placés sur couche chaude, dans une bâche maçonnée et profonde, avec des bassinages réitérés et de la chaleur de fond, les *Dieffenbachia* prennent des dimensions extraordinaires ; mais cette dernière culture est peu recommandable et ne doit être pratiquée que sur des sujets cultivés en vue des expositions.

On peut recommander surtout la culture des espèces et variétés suivantes :

Dieffenbachia amœna, Hort.
— *antioquiensis*, Lind. et André.
— *Baraquiniana*, Lemaire.
— *Bausei*, Regel.
— *Bowmanni*, Hort.
— *Carderi*, W. Bull.
— *eburnea*, Hort.
— *gigantea*, A. Verschaffelt.
— *imperialis*, Lind. et André.
— *Jenmanni*, Veitch.
— *lancifolia*, Lind. et André.

Dieffenbachia latimaculata, Lind. et André.
— *Leopoldi*, Bull.
— *nobilis*, Bull.
— *Parlatorei*, Lind. et André.
— *Regina*, W. Bull.
— *triumphans*, W. Bull.

Les *Dieffenbachia* sont rarement attaqués par les insectes ; dans les serres trop sèches cependant, ces plantes ont pour ennemies l'araignée rouge et la cochenille ; on s'en débarrasse à l'aide de lavages avec une éponge douce trempée dans une solution nicotinée à un dixième. Des bassinages plus fréquents et une atmosphère plus humide préviennent facilement le retour de ces hôtes habituels des plantes de serre chaude.

Dracontium, Linné.

Le genre *Dracontium*, de *drakon*, dragon, par allusion aux panachures imitant celle des serpents, fondé par Linné, comprend environ 6 espèces originaires de l'Amérique tropicale, à rhizome charnu, à feuilles longuement pétiolées, pédalées, portées par des pétioles généralement annelés et marqués de bandes ondulées ou de macules purpurines. Fleurs hermaphrodites exhalant une odeur fétide.

Ce sont des plantes rares dans les collections et dont la culture et la multiplication s'opèrent de la même façon que pour les *Amorphophallus*, dont ces plantes sont d'ailleurs voisines botaniquement.

Epipremnum, Schott.

Le genre *Epipremnum*, de *épi*, sur, et *premnon*, tronc, par allusion aux tiges qui grimpent sur les arbres, fondé par Schott, comprend environ huit espèces de plantes grimpantes de serre chaude, originaires de l'archipel Malais et des îles de l'océan Pacifique.

L'*Epipremnum mirabile* est la seule espèce de ce genre qui se rencontre dans les cultures; elle a le facies d'un *Philodendron* ou d'un *Monstera* et se cultive absolument de la même façon.

Epipremnum mirabile. Schott. Iles Fidji. — Voici ce qu'en dit N. E. Brown, d'après le *Dictionnaire de Nicholson* : « C'est une plante volubile, ornementale, à végétation rapide, à feuilles amples, vert foncé, pennatiséquées à l'état adulte et à inflorescence semblable à celle des *Monstera*. Elle est très convenable pour garnir les piliers, pour faire filer sur des troncs de Palmiers, de Fougères, etc., ou pour garnir les murs de fond. Outre son port ornemental, cette plante est encore très intéressante par la transformation qui s'opère dans ses feuilles; elles sont d'abord petites et entières lorsqu'elles se développent et deviennent ensuite grandes et pennatiséquées à l'état adulte ; elle possède aussi des propriétés médicinales qui sont, paraît-il, connues depuis longtemps dans le pays qu'elle habite à l'état spontané. »

Gonatanthus, Klotz.

Le genre *Gonatanthus*, de *gonu*, *gonatos*, genou, et *anthos*, fleur, par allusion à la courbure de la spathe, fondé par Klotz, comprend deux espèces de plantes originaires de l'Himalaya et remarquables par la beauté de leur feuillage.

L'espèce suivante paraît la seule introduite dans les cultures où on la rencontre même très rarement. Nous l'avons cultivée au Jardin botanique de Lille, en lui appliquant le traitement des *Philodendron*, mais avec repos accentué pendant l'hiver où il faut la priver d'arrosements et la tenir en serre tempérée. On peut parfaitement la cultiver pendant l'été en serre froide transformée en serre chaude en fournissant un appui à ses tiges sarmenteuses. Multiplication facile au printemps par la division en tronçons des tiges émettant facilement des racines aux nœuds.

Gonatanthus sarmentosus. Klotz. Himalaya. — Tiges minces, radicantes ou grimpantes; feuilles ovales cordiformes, vert pâle, marbrées de vert plus foncé, veloutées, très belles. Fleurs très odorantes, à spathe d'un beau jaune d'or, de 15 cent. de long, affectant la forme du cou de la cigogne, à spadice d'environ 12 mill. de long. Fleurit en mai.

Homalonema, Schott.

Le genre *Homalonema*, de *homalos*, plat, et *nema*, filament, par allusion à la forme des étamines, fondé par Schott, comprendrait environ vingt espèces, si l'on y joint les *Curmeria*, de belles plantes à feuillage, originaires de l'Asie et de l'Amérique tropicale. Plantes presque caulescentes, à feuilles en cœur ou sagittées; pédoncules courts, terminés par une spathe odorante, d'abord ouverte, finalement fermée; spadice portant les organes des deux sexes, avec des étamines rudimentaires entremêlées aux pistils; anthères très nombreuses, sessiles; ovaires en grand nombre, libres; stigmate sessile, trifide, concave. Baies oblongues, généralement monospermes.

Homalonema insignis. N. E. Brown. Bornéo. 1885. — Feuilles de 30 centimètres environ de long sur 15 de large, elliptiques, oblongues, obtuses, arrondies à la base, vertes en dessus, suffusées de pourpre en dessous, à pétioles pourpres, canaliculés, engainants et engainés jusqu'au milieu.

H. peltata. Masters. Colombie. 1877. — Plante atteignant environ 1 mètre, à feuilles profondément cordiformes, arrondies, longues d'environ 60 cent. sur 40 à 45 cent. de large, faiblement pubescentes.

H. picturata. = *Curmeria picturata*.

H. Rœzli. = *Curmeria Rœzli*.

H. rubescens. = *H. rubra*.

H. rubra. *Hassk*. *H. rubescens*. Miquel. Java. 1870.— Plante à tiges réduites, pétioles d'un beau rouge foncé portant des feuilles cordiformes, sagittées, d'un vert foncé à la page supérieure et purpurines sur la page inférieure. Très belle plante atteignant environ 70 centimètres de hauteur, d'un port élégant et à beau feuillage.

H. Siesmeyriana. Malaisie. 1885. — Pétioles purpurins, allongés, portant des feuilles légèrement sagittées, à nervures médiane et secondaires teintées de rouge.

H. Wallisi. = *Curmeria Wallisi*.

H. Wendlandi. Schott. Costa-Rica. — Pétioles d'environ 75 centimètres de longueur, rouge foncé à la base, portant des feuilles sagittées-cordiformes, d'environ 50 centimètres de long sur 30 centimètres de large, d'un vert foncé à la page supérieure, luisantes et plus pâles sur la face inférieure.

CULTURE

Les *Homalonema* sont de très belles plantes de haute serre chaude humide, dont la culture diffère peu de celle appliquée aux *Anthurium* à feuillage et aux *Alocasia*. L'*Homalonema rubra* est l'espèce la plus cultivée, et c'est à juste titre, car elle joint à un port très élégant un magnifique feuillage et forme naturellement des touffes de la plus grande beauté. Les bassinages en été lui sont très favorables, ainsi que des arrosements abondants, accompagnés même de quelques bouillons d'engrais liquide. D'octobre en mars, on modère l'arrosage et le seringage.

Rempotage annuel pendant ce dernier mois. On multiplie les *Homalonema* par division des touffes, pratiquée au moment du rempotage, ou par le bouturage des tiges, effectué au printemps ; on plante celles-ci en godets remplis de terre de bruyère fibreuse et de sphagnum par moitié, puis on les place à l'étouffée et à la chaleur de fond, dans la vitrine de la serre à multiplication.

Reprise rapide et facile.

Lasia, Lour.

Le genre *Lasia*, de *lasios*, rude, par allusion aux parties épineuses de la plante, fondé par Loureiro, renferme une seule espèce de plante herbacée, marécageuse, voisine des *Cyrtosperma*, et originaire de l'Inde.

Cette plante peut être cultivée pour son feuillage et exige le même traitement que les *Alocasia* et les *Anthurium*.

L. aculeata. Lour. = *L. heterophylla*, Schott. = *L. spinosa.* Thwait. Indes.

Tige plus ou moins épineuse portant des pétioles de 20 à 50 centimètres de long, terminés par des feuilles de formes variables, hastées lorsqu'elles sont jeunes, puis pédalées, pinnatipartites plus ou moins profondément, à 2 ou 3 segments latéraux linéaires-oblongs ou oblongs-lancéolés, plus ou moins acuminés et rétrécis à la base.

Spathe de 15 à 25 centimètres de long, étroite, convolutée à sa partie supérieure, à spadice obtus, de 2 à 3 centimètres de long, cylindrique, et atteignant de 5 à 8 centimètres à la fructification.

D'après le Dict. de Nicholson, le *Cyrtosperma Martocieffianum* serait identique à cette plante.

L. heterophylla. Schott. = *L. aculeata.* Lour.

L. spinosa. Thwait. = *L. aculeata.* Lour.

Sous le nom de *Marcgravia*, on trouve dans le commerce horticole une ou deux espèces de plantes grimpantes dont le port et la végétation sont identiques à ceux de certains *Pothos*. Nous avons ainsi cultivé au Jardin Botanique de Lille le *Marcgravia dubia* et le *M. paradoxa*, à feuilles d'abord imbriquées sur l'objet contre lequel elle grimpe ; comme le *Pothos celatocaulis* et de même forme que cette plante, puis produisant avec l'âge des feuilles plus grandes, non imbriquées et divisées profondément en un certain nombre de segments.

La culture de ces plantes est celle du *Pothos celatocaulis*, en serre chaude.

Massowia. C. Koch. — Genre réuni au *Spathiphyllum.* Schott.

Monstera, Adans.

Le genre *Monstera*, étymologie inconnue, fondé par Adanson, auquel ont été réunis différents genres voisins: *Dracontium*, L., *Heteropris*, Miquel, *Serangium*, Wood, *Tornelia*, Gutierez, comprend environ une douzaine d'espèces de plantes grimpantes vigoureuses et de grandes dimensions, plus connues en horticulture sous le nom de *Philodendron*, dont elles se rapprochent beaucoup par leur facies général, et originaires de l'Amérique tropicale.

Spathe ouverte, tombant finalement; spadice sessile portant inférieurement des pistils seuls et dans le haut des pistils entourés d'étamines, anthères ovales, biloculaires, ovaires creux à deux loges; style très court, stigmate en tête. Baies soudées entre elles, finissant par se dépouiller de leur épicarpe.

M. Adansoni. Schott. = *Dracontium pertusum*. Lin. Indes occidentales? 1752. Tiges sarmenteuses, radicantes, portant des feuilles obliquement ovales, échancrées en cœur à la base, percées pour la plupart de grands trous oblongs, à contours nettement définis. Spathe en forme de nacelle, d'un blanc jaunâtre.

M. deliciosa. Liebm. = *Philodendron pertusum*. Kunth et Bouché. Nous avons décrit cette espèce sous le nom de *Philodendron pertusum*, qui est celui sous lequel elle est la plus connue des jardiniers.

Nephtytis, Schott.

Le genre *Nephtytis*, nom mythologique de la mère d'Anubes, femme de Typhon, fondé par Schott, comprend trois espèces de plantes vivaces, herbacées, originaires de l'Afrique tropicale et occidentale.

Une seule espèce de ce genre se trouve dans les collections où on la cultive pour la beauté de son feuillage : c'est le *N. picturata*, qui exige le même traitement que les autres Aroïdées de serre chaude et

Fig. 17. — Nephtytis picturata.

que l'on peut associer aux *Phyllotænium*, *Aglaonema*, *Curmeria*, etc.

N. liberica. N. E. Br. Sibérie. 1881. — Tige grimpante à feuilles longuement pétiolées, sagittées et d'un vert gai. Fleurs à spadice plus court que la spathe qui est verte, concave, étalée, ovale-oblongue, courtement cuspidée et portée par un pédoncule atteignant ou dépassant les feuilles. Aux fleurs succèdent de petits fruits orangés qui ne sont pas sans mérite ornemental.

N. picturata. N. E. Br. Congo. 1887. — Plante acaule à pétioles verts, dressés, de 25 à 30 centimètres, portant des feuilles étalées, largement ovales-hastées, cordiformes à la base, cuspidées-acuminées au sommet, longues de 15 à 30 centimètres, sur 12 à 20 centimètres de large, ornées de panachures blanches situées entre les nervures et ressemblant à l'extrémité des frondes de certaines Fougères.

Philodendron, Schott.

Le genre *Philodendron*, du grec *phileô*, j'aime, et *dendron*, arbre, fondé par Schott, comprend environ une centaine d'espèces généralement sarmenteuses ou rampantes, rarement acaules ou à tige courte, originaires de l'Amérique tropicale.

Ce sont des plantes de serre chaude ou tempérée, remarquables par les formes curieuses qu'affectent leurs feuilles ou par la beauté de leur coloris, dont les tons veloutés ou marmoréens rappellent ceux de certains *Anthurium* à feuillage.

Feuilles grandes, espacées, généralement lobées, à gaines pétiolaires très courtes et à gaines stipulaires allongées, tombantes, opposées aux feuilles. Spathe droite, convolutée à la base ; spadice portant des organes rudimentaires au-dessous des étamines ; anthères à 2 loges ; ovaires en grand nombre, serrés, libres, style nul ou à peu près ; stigmate en tête, tronqué ou un peu lobé. Baies polyspermes.

Le facies exotique qui les caractérise, la nature grimpante de la plupart des espèces, qui permet de les employer à la décoration des chevrons et piliers des serres, leur facile culture, sont autant de titres qui doivent appeler l'attention des amateurs sur ces magnifiques végétaux du Nouveau-Monde.

Ph. Andreanum. Devansaye. Colombie. 1886. — Magnifique espèce sub-grimpante, à feuilles pendantes de 60 centimètres à 1 mètre de long, sur 25 centimètres de large, allongées, aiguës, cordiformes à la base, d'un beau vert foncé luisant à reflets métalliques. Serre chaude.

P. bipinnatifidum. Schott. Brésil. 1829. — Tige épaisse, portant la cicatrice des anciennes feuilles, émettant des racines adventives ; pétioles arrondis, et longs de plus d'un mètre, dégageant une forte odeur sulfureuse lorsqu'on les brise ; feuilles amples, ovales-cordiformes, longues d'environ 40 centimètres et larges de 20 à 25 centimètres, bipinnatifides. Serre tempérée.

P. brevilaminatum. Schott. Bahia. 1860. — Plante grimpante dont les jeunes feuilles sont ovales-cordiformes, courtement arrondies et celles adultes presque triangulaires.

P. calophyllum. Brongt. Brésil. 1872. — Espèce caulescente dont l'ensemble rappelle le *Cochliostema Jacobianum*. Serre tempérée.

P. cannæfolium. Mart. Brésil, 1831. — Tige réduite dont les forts pétioles portent des feuilles de 30 centimètres de long, ovales-lancéolées et d'un beau vert foncé et luisant.

P. crassinervium. Lindl. Brésil. — Tige grimpante dont les pétioles purpurins de 8 à 16 centimètres portent des feuilles de 30 à 60 centimètres de longueur, lancéolées-acuminées, bordées de rouge, un peu coriaces et parcourues par une côte épaisse faisant saillie sur les deux faces, plane à la supérieure. Serre tempérée.

P. Devansayanum. Lind. Haut-Pérou. 1895. — Les feuilles de cette espèce sont rouges à l'état juvénile et deviennent plus tard d'un beau vert luisant.

P. erubescens. K. Koch. — Tige forte, grimpante, émettant des racines adventives à tous les nœuds; pétioles arrondis de même longueur que les feuilles qui atteignent 30 centimètres et sont amples, cordiformes et sagittées, d'un ton cuivré et luisant.

P. fragrantissimum. Kunth. Demerara. — Tige allongée, grimpante, portant des feuilles de 50 à 60 centimètres de long, oblongues-cordiformes, ou presque sagittées, profondément bilobées à la base, supportées par des pétioles de même longueur.

P. giganteum. Schott. Amérique tropicale. 1817. — Tige grimpante, à pétioles épais portant des feuilles largement ovales-cordiformes, à lobes postérieurs presque ovales. Serre tempérée.

P. Glaziovi. Hook. f. Brésil. 1885. — Tige grimpante à feuilles oblongues-aiguës, de 30 à 50 centimètres de long et 8 à 12 centimètres de large, d'un vert foncé. Ressemble au *Ph. crassinervium.*

P. gloriosum. Ed. André. Colombie. 1877. — Magnifique espèce rampante aux feuilles amples, cordiformes-aiguës, d'un beau vert foncé et dont les nervures médianes sont blanc pur avec les bords finement marginés de rose et des reflets suivant leur état de développement. Serre chaude.

P. grandifolium. Schott. Demerara. — Tige grimpante maculée de pourpre dont les pétioles arrondis, également maculés de la même couleur, portent des feuilles de plus de 60 centimètres de long, cordiformes sagittées, d'un vert opaque.

P. hederaceum. Schott. La Martinique. — Tige grimpante; pétioles aussi longs que les feuilles qui sont cordiformes-acuminées, très entières, un peu coriaces et d'un vert lustré.

P. Imbe. Schott. Amérique australe. 1831. — Tige grimpante allongée, émettant des racines aériennes résistantes et flexibles, de consistance coriace, à feuilles ovales-oblongues, échancrées en cœur à la base avec les deux lobes basilaires étalés. Serre tempérée.

P. laciniosum. Schott. Brésil. 1824. Tige grimpante, un peu épaisse, portant des feuilles membraneuses, tripartites et n'atteignant pas la moitié de la longueur des pétioles.

P. Lindeni. Hort. = *P. verrucosum*. Math. Colombie. 1866. — Tige grimpante et radicante portant des feuilles cordiformes, d'un vert tendre et satiné avec un reflet métallique, olive sur la face supérieure, vert pâle sur l'inférieure qui est ornée de bandes marron. Les jeunes feuilles ont une teinte chamois et les bandes marrons de la face inférieure ressortent sur la supérieure.

C'est une magnifique espèce, seulement un peu délicate et demandant beaucoup de soins pour paraître dans toute sa beauté. Serre chaude.

P. longilaminatum. Schott. Bahia. 1860. — Tige grimpante, à entre-nœuds allongés, dont les pétioles épais et presque arrondis et sillonnés supportent des feuilles acuminées au sommet, vertes en dessus, un peu plus glauques en dessous. Serre tempérée.

P. Mamei. Ed. André. Équateur. 1883. — Plante acaule, à feuilles amples, cordiformes-aiguës, étalées horizontalement et élégamment panachées de blanc, supportées par des pétioles forts et dressés. Belle plante. Serre chaude.

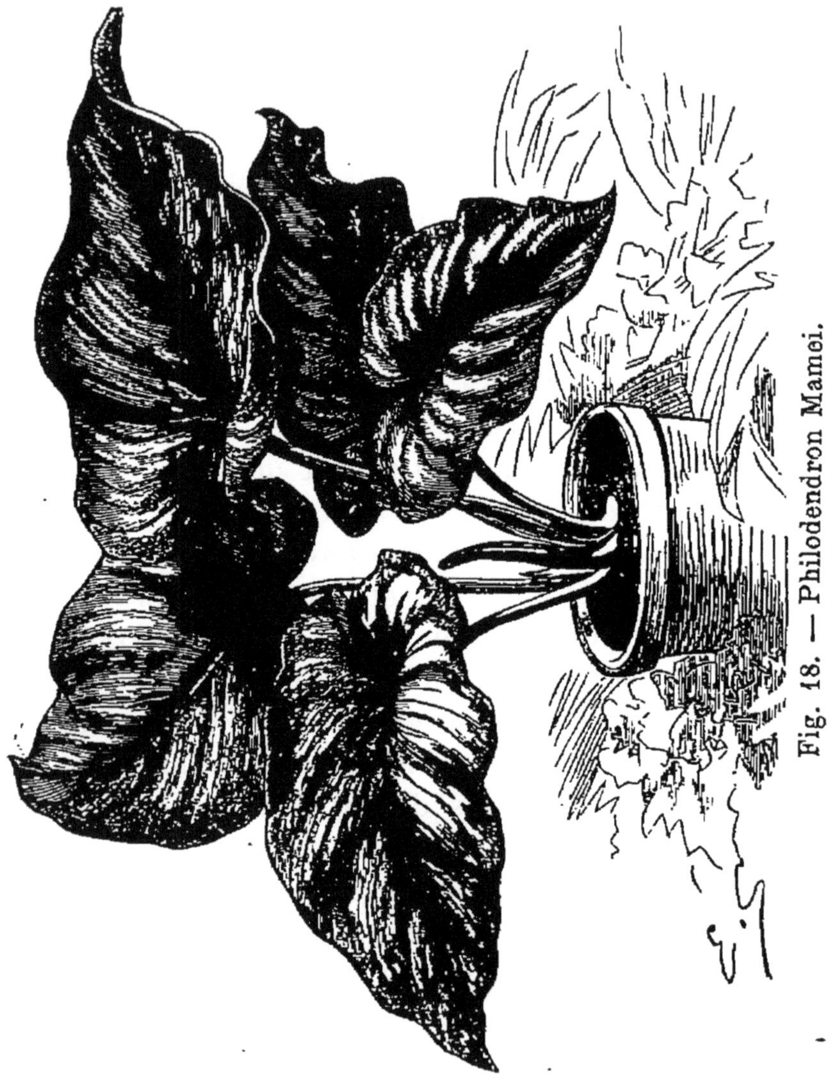

Fig. 18. — Philodendron Mamei.

P. melanochrysum. Lind. et André. Colombie. 1874. Tige grimpante, de taille moyenne, à feuilles d'un vert foncé, luisantes, avec des reflets brillants au soleil. Serre chaude.

P. Melinoni. Brongt. Guyane. 1874. — Tige courte, épaisse et écailleuse, à feuilles longuement pétiolées, ovales-oblongues, acuminées, hastées à la base. Serre chaude.

P. micans. C. Koch. Amérique méridionale. — Tige grêle et très longue émettant des racines adventives; feuilles en cœur, arrondies à la base, acuminées au sommet, d'un vert moiré avec nervures plus pâles.

P. nobile. Hort. Amérique méridionale. 1885. — Tige volubile portant des feuilles obovales-lancéolées aiguës. Espèce ressemblant au *P. crassinervium*, mais plus forte dans toutes ses parties.

P. pertusum. Kunth et Bouché. = *Tornelia fragrans* = *Scindapsus pertusus.* Schott. = *Monstera deliciosa.* Liebm. — C'est une plante bien connue sous le nom de *Ph. pertusum* que ce *Monstera* à la tige épaisse et grimpante, portant les cicatrices des anciennes feuilles et émettant de longues racines adventives qui se ramifient seulement au contact de l'eau ou du sol. Ses grandes feuilles en cœur, coriaces et d'un vert foncé, déchiquetées sur les bords, ont l'intérieur percé de trous irréguliers comme faits à l'emporte-pièce.

Cette espèce grimpe facilement et on l'emploie couramment pour décorer les colonnettes et les chevrons des serres et des jardins d'hiver où elle se plaît parfaitement bien. On peut même la cultiver comme plante semi-aquatique, en la mettant le pied dans l'eau, et elle peut servir dans ce cas à la garniture des grands aquariums, mais il lui faut la pleine terre et un grand espace pour parvenir à son apogée. Elle se plaît très bien en serre tempérée et même en serre froide, car nous l'avons vue résister à une tem-

Fig. 19. — Philodendron pertusum.

pérature de 3° seulement au-dessus de 0 dans un jardin d'hiver.

P. pinnatifidum. Schott. Sud du Brésil. 1868. — Tige courte ou nulle couverte de gaines brunes; pétioles de près de 1 mètre de long portant des feuilles luisantes de 60 centimètres de long, largement sagittées, ovales, pinnatifides, à lobes atteignant le milieu du limbe. Serre tempérée.

P. recurvifolium. Schott. Bahia. 1860. Pétioles plus courts que les feuilles; celles-ci oblongues-cordiformes, sagittées, vertes et marginées de pourpre. Toute la plante est maculée de rouge sang.

P. rubens. Schott. Venezuela. 1873. — Tige grimpante, robuste, portant des feuilles cordiformes-acuminées, égalant la longueur des pétioles.

P. sanguineum. Regel. Mexique. 1869. — Tige grimpante portant des feuilles un peu épaisses, cordiformes-allongées, trilobées, vert sur la page supérieure et souvent pourpres en dessous. Serre tempérée.

P. Sellowianum. K. Koch. — Tige forte, arborescente avec l'âge, émettant des racines adventives flexibles, portant des feuilles longuement pétiolées, vert foncé, amples, bipinnatifides, à lobes basilaires eux-mêmes pinnatifides.

P. serpens. Hook. f. Colombie. 1871. — Tige grimpante, émettant des racines adventives, couverte d'écailles entre les nœuds; feuilles oblongues-cordiformes, de 30 à 50 centimètres de long.

P. Simsi. Sweet. Caracas, Guyane. 1835. — Tige forte et dressée portant des feuilles cordiformes sagittées de 0^m60 de long sur 0^m35 de large, à nervures fortes, pourpres, faisant saillie en dessous. Serre tempérée.

P. Sodiroi. Hort. Equateur. 1883. — Tige grimpante dont les pétioles violacés et ponctués de blanc portent des feuilles allongées, ovales, cordiformes, d'un vert gai parsemé de taches argentées et inter-

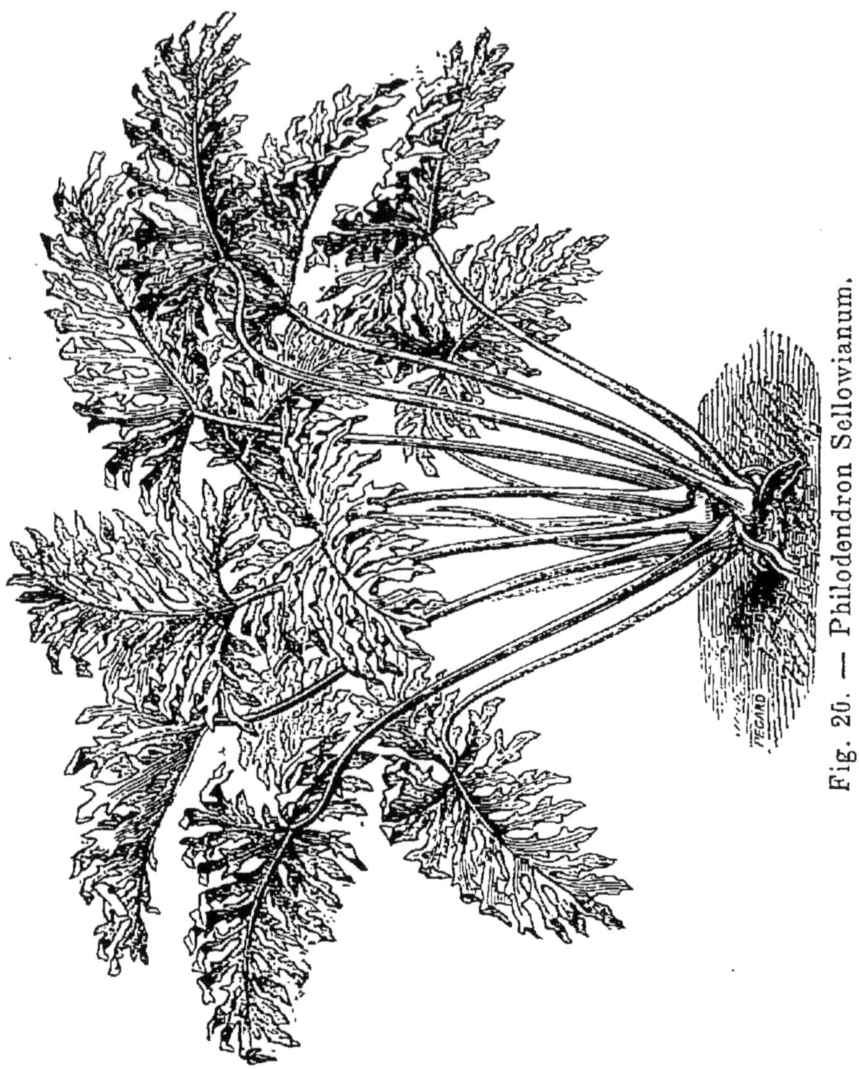

Fig. 26. — Philodendron Sellowianum.

rompues, à nervures violacées faisant saillie en dessus. Espèce très ornementale.

P. speciosum. Schott. Sud du Brésil. — Tige devenant arborescente avec l'âge; feuilles triangulaires, oblongues-ovales, sagittées, d'un vert gai. Serre chaude.

P. squamiferum. Pœpp. Brésil et Guyane. 1886. — Tige lisse; feuilles adultes de près de 0m30 de long sur 0m25 de large, pinnatifides à 5 lobes, les jeunes feuilles seulement trilobées, portées par des pétioles rougeâtres, épineux.

P. tripartitum. Schott. Caracas. — Tige grimpante à feuilles tripartites.

P. Williamsii. Hook. f. Bahia. 1871. — Tige épaisse et dressée; feuilles longuement pétiolées, atteignant jusqu'à 0m70 de long. Espèce remarquable dans son ensemble.

CULTURE DES PHILODENDRONS

Les *Philodendron*, auxquels on peut rattacher, au point de vue cultural, les *Rhaphidophora*, les *Monstera*, les *Epipremnum*, les *Pothos* et les *Scindapsus*, etc., sont des Aroïdées généralement grimpantes, dont plusieurs peuvent atteindre un très grand développement. On les emploie dans les serres chaudes ou tempérées, suivant leurs exigences, à la décoration des colonnes, des chevrons, des abords des réservoirs d'eau ou des aquariums, et les espèces moins vigoureuses ou plus délicates doivent être plantées contre un appui moussé, où elles grimpent, à la façon des *Anthurium* et des *Pothos* sarmenteux.

Il est préférable de cultiver en pleine terre dans les serres les espèces à végétation vigoureuse, susceptibles d'atteindre de grandes dimensions, mais il faut pour cela que l'abri soit assez haut et spacieux pour ne pas les gêner dans leur croissance; quelques-uns d'entre eux ont ainsi leur place tout indiquée dans les jardins d'hiver, où l'élévation et l'égalité de la température se rapprochent de celles d'une serre tempérée. Cultivés en pots, terrines ou caisses, les *Philodendron* exigent une terre légère et poreuse, reposant sur un bon drainage, favorable surtout aux espèces délicates. Nous les plantons dans un compost formé de quatre sixièmes de terre de bruyère en mottes, grossièrement concassées, auxquels on ajoute un sixième de terre franche et un sixième de *sphagnum*, ainsi que quelques morceaux de charbon de bois.

Après avoir préparé et moussé avec du *Sphagnum* vivant, mélangé par moitié de fibres de Polypode, le tronc de Fougère ou d'arbre destiné à servir d'appui, on place celui-ci au milieu du récipient, en le maintenant fixe au moyen de gros tessons ou de morceaux de brique, formant cale au fond; on emplit ensuite de terre, puis on plante les sujets, qui doivent préférablement être jeunes et vigoureux. Les tiges sont attachées contre le tronc moussé au moyen d'une ligature, qui deviendra inutile lorsque se développeront les racines adventives au contact du *sphagnum* humide.

Les soins principaux consistent justement à maintenir le tronc moussé toujours humide, ce à quoi on parvient facilement par des bassinages, plutôt nombreux qu'abondants, donnés sur toute sa surface au moins une fois par jour.

Les bassinages doivent être faits avec de l'eau de pluie bien propre, afin de ne pas salir les feuilles, et leur abondance dispense presque toujours de l'arrosement des plantes au pied.

Il faut presque entièrement cesser les bassinages en hiver, pour laisser un peu reposer les plantes.

Nous cultivons de cette façon presque tous les

Philodendron de serre chaude, en compagnie des *Anthurium*, des *Pothos*, etc., et de préférence près des réservoirs d'eau, où ils se plaisent beaucoup.

Les autres soins consistent à diriger convenablement et le plus élégamment possible les tiges des plantes, de manière qu'elles ne forment pas fouillis, mais garnissent d'une façon égale l'appui autour duquel on les fait grimper.

Cette culture en pots convient surtout aux espèces grimpantes de petites dimensions ou d'une nature délicate, qui arrivent à former rapidement, aux appuis qu'on leur a donnés, un magnifique cône de verdure.

Les espèces à tige épaisse et généralement courte, qui grimpent rarement, se plaisent aussi de la culture en caisses ou en grands pots, mais elles deviennent beaucoup plus belles lorsqu'il est possible de les cultiver en pleine terre, dans une bonne terre de bruyère mélangée d'un tiers de terre franche, et de leur donner toute liberté pour la croissance.

Les plantes émettent généralement sur leur tige de grosses racines adventives, qui restent simples jusqu'à ce qu'elles aient trouvé la terre ou l'eau pour se ramifier et fournir de la nourriture à la plante. C'est dire qu'en général les *Philodendron*, avec le développement de leurs racines adventives, n'exigent pas une grande somme de nourriture dans le sol même; il est donc inutile de rempoter chaque année les espèces cultivées en pots ou en caisses, d'autant plus que ce rempotage est toujours délicat et difficile à effectuer. Nous le pratiquons tous les trois ou quatre ans.

La multiplication s'opère au printemps, soit par le bouturage de la tête ou par tronçons de tige pourvus au moins de deux ou trois nœuds, desquels partira un bourgeon à l'aisselle; ces boutures sont plantées en petits godets, dans une terre de bruyère sableuse mêlée d'un peu de *sphagnum*, puis placées à l'étouffée dans la serre chaude. Les espèces volumineuses doivent plutôt être marcottées en l'air, comme nous l'avons expliqué pour les *Dieffenbachia*.

Les *Philodendron* sont rarement attaqués par les insectes; dans les serres dont l'atmosphère est trop sèche, on les voit cependant être envahis par la *grise*, qui habite le dessous des feuilles et les décolore; on parvient facilement à s'en débarrasser en lavant les feuilles avec une solution nicotinée à un dixième. Il est du reste possible de prévenir le mal en leur donnant à l'avenir les bassinages nécessaires et en leur procurant une constante humidité ambiante, qui convient si bien à la végétation des Aroïdées exotiques.

Sous le nom de *Phyllotœnium Lindeni*. = *Xanthosoma Lindeni*. S. Moore. 1872. Nouvelle-Grenade, on rencontre parfois dans les serres une charmante Aroïdée d'un port compact, à feuilles grandes, hastées, d'un vert brillant, entièrement veinées de blanc argenté.

P. Lindeni β magnificum.

Culture des *Anthurium* en serre chaude humide, en modérant les arrosements pendant l'hiver.

Pistia, Linné.

Le genre *Pistia*, nom dérivé du mot grec *pister*, lit d'un fleuve, fondé par Linné, comprend quelques espèces de plantes aquatiques nageantes, originaires des Indes orientales où elles sont fréquentes sur les eaux douces.

Pistia Stratiotes. L. Tropique. 1843. — Feuilles disposées en rosette, subsessiles, cunéiformes à la base, légèrement concaves, arrondies ou échancrées au sommet, couvertes de poils fins, dont l'ensemble forme une rosace d'un vert tendre et gai.

Le *Pistia Stratiotes* est une des plus curieuses plantes de nos aquariums de serre chaude où elle prospère parfaitement bien. Elle s'y multiplie, du reste, assez rapidement au moyen de ses stolons, et mérite la culture par l'effet bizarre et joli qu'elle produit sur l'eau avec ses rosettes de feuilles en cœur, qui paraissent épaisses, et sont en réalité remplies d'air servant à les maintenir sur le liquide. Sans être difficile à cultiver, cette plante demande quelques soins indispensables pour obtenir un bon résultat.

Nous avons remarqué que le *Pistia Stratiotes* se plaît mieux dans une eau dormante et peu souvent renouvelée, que dans une eau courante comme celle que nous donnons à l'*Ouvirandra fenestralis*, cette autre curieuse plante de Madagascar.

Quoique flottant de sa nature, le *Pistia* préfère une eau peu profonde, où il lui soit possible de plonger ses racines dans le sol. Nous le cultivons en terrines non percées avec 10 à 15 centimètres d'eau; le sol est composé de trois quarts de terre franche avec un quart de terre de bruyère. L'eau est renouvelée tous les quelques jours, mais elle doit toujours être à la température de la serre. Nous tenons nos terrines le plus près du vitrage possible afin que les plantes reçoivent beaucoup de lumière. La place du *Pistia* est tout indiquée dans les aquariums de serre chaude où l'eau est toujours maintenue à une bonne température. On le multiplie au printemps par les nombreux rejetons que chaque rosace de feuilles émet autour d'elle et que l'on sépare afin que les jeunes plantes pourvoient d'elles-mêmes à leur nourriture. Nous avons essayé de toutes les façons le semis de graines de *Pistia*, mais nous n'avons jamais pu en obtenir la levée. Au contraire de certaines personnes, nous ne recommandons pas la culture de cette Aroïdée en plein air, l'été dans les aquariums, car nous n'avons pas obtenu de bons résultats, au moins dans le nord de la France.

Pothos, Linné.

Le genre *Pothos*, nom cingalais d'une espèce, fondé par Linné, comprend environ une quarantaine d'espèces connues, nombre qui se réduirait à trente d'après le *Genera plantarum*, et qui sont de grandes plantes grimpantes de serre chaude, dont la végétation se rapproche de celle des *Philodendron* et des *Monstera*, originaires de l'Asie, de l'Australie, des îles du Pacifique et de Madagascar.

Fleurs disposées sur un spadice plus court que la spathe qui l'entoure, claviforme, globuleux ou ovoïde, souvent décurve, parfois tordu ou flexueux, entouré d'une spathe petite, ovale ou conchoïde, rarement allongée, réfléchie, verte, accrescente, ou persistante. Ce spadice est garni de fleurs fertiles dont chacune se compose d'un périanthe à six segments arqués au sommet; hampe feuillue et engainée ou nue. Feuilles distiques, obliquement linéaires ou ovales-lancéolées, à limbe parfois nul, mais à pétiole alors élargi, ailé et foliacé. (*Dictionnaire de Nicholson*, vol. II page 312.)

Ce genre comprend un certain nombre de plantes douteuses au point de vue botanique et classées dans divers autres genres d'Aroïdées par les auteurs modernes; mais, au point de vue cultural, les *Pothos* sont tous des plantes remarquables par les formes de leur feuillage, leur mode de végéter, etc.; nous, citons ci-dessous les principaux.

P. acaulis. Hook. = *Anthurium Hookeri*.

P. argentea. Hort. Bull. Bornéo. 1887. — Feuilles ovales-acuminées, de texture ferme. dont la page supérieure est gris argenté, avec une bande vert foncé, irrégulière, parcourant presque toute sa nervure médiane et les bords de la feuille.

P. argyræus Hort. = *Scindapsus argyræus*. Engl. (serait le nom correct). Iles Philippines. 1859. — Tiges grimpantes, à entre-nœuds espacés de 8 à 10 centimètres, portant des feuilles espacées et coriaces, d'un beau vert, non maculées ou portant de nombreuses taches irrégulières, argentées. Les feuilles sont cordiformes-ovales, inéquilatérales, de 10 à 15 centimètres de long sur 6 à 8 centimètres de large, à lobes postérieurs arrondis et sont portées par un pétiole de 4 à 5 centimètres de long.

P. aureus. Lind. Iles Salomon, 1880. — Très belle plante grimpante, vigoureuse, à feuilles ovales-cordiformes, épaisses et charnues, d'un vert foncé, largement et irrégulièrement marquées de bandes ou de taches de formes bizarres, jaune crème et vert jaunâtre pâle.

P. cannæfolius. Dryand. = *Spathiphyllum cannæfolium*.

P. celatocaulis. N. E. Br. = *P. bifarius*. Wall. = *P. flexuosus*. Hort.? — *Anadendrum medium*. Schott, serait son nom correct. Singapour. Nord-ouest de Bornéo. — Feuilles sessiles à gaine courte et embrassante, à limbe oblique, elliptique lancéolé, très obtus au sommet, cordiforme à la base, rapprochées, d'un beau vert foncé, velouté en dessus, plus pâle en dessous, et reposant entièrement à plat sur les objets contre lesquels grimpe la tige; les feuilles paraissent collées contre la tige et sont régulièrement imbriquées de façon à cacher entièrement celle-ci. C'est l'état stérile sous lequel on rencontre la plante dans les serres; mais, à mesure qu'elle approche de la floraison, elle passe par cinq ou six formes intermédiaires.

P. elongata. Hort. 1885. — Plante grimpante à feuilles ovales allongées, de 30 à 35 centimètres de long sur 15 à 25 de large et d'un vert foncé luisant.

P. flexusous. Humb. Bonpl. et Kunth. = *P. celatocaulis*.

P. nigricans. Hort. 1886. — Plante grimpante à feuilles étalées, de 12 à 15 centimètres de long, d'un vert noirâtre luisant.

P. nitens. Hort. Bull. Archipel oriental. 1887. — Tiges arrondies portant des feuilles ovales, légèrement et inégalement cordiformes à la base, d'un vert foncé bronzé et luisant.

P. scandens. Hook? Linné? = *P. Seemanni*. Schott.

P. Seemanni. Schott. = *P. scandens*. Hook. Chine 1821. — Feuilles lancéolées, aiguës, obtuses à la base, à pétiole auriculé, arrondi, plus court que les feuilles.

CULTURE DES POTHOS

Les *Pothos* sont des plantes grimpantes très originales par leurs différents modes de végétation, et très aptes à garnir les colonnes et chevrons des serres chaudes de même que les *Philodendron*, et il est regrettable qu'on ne les emploie pas davantage, concurremment avec d'autres genres analogues pour la décoration aérienne de nos abris chauds.

Leur culture diffère peu de celle donnée aux *Philodendron*, et les appuis employés pour qu'ils puissent grimper autour d'un corps quelconque doivent être semblables à ceux recommandés pour la plante précitée. On ne doit les rempoter que tous les deux ou trois ans dans un compost formé d'un quart de terre franche et trois quarts de terre de bruyère reposant sur un bon drainage. Des bassinages très fréquents sont nécessaires pour favoriser le développement des racines adventives, et doivent être donnés au moins deux fois par jour, en été, sur les appuis que garnissent les tiges.

Le *Pothos celatocaulis*, qui est certainement le plus curieux et le plus original du genre, peut être employé très avantageusement à la garniture intérieure des montants de portes des serres chaudes.

Une plante est placée au pied de chaque montant, soit en pot, soit en pleine terre; les montants sont garnis, ainsi que la traverse supérieure d'une planche moussée, large d'environ 25 centimètres.

On emploie le sphagnum vivant, mêlé à un peu de fibre de polypode; de distance en distance on plante dans la mousse quelques toutes jeunes fougères, telles que *Pteris serrulata* ou *Adiantum cuneatum*, etc. La végétation de ce *Pothos* est assez vigoureuse, surtout si elle est stimulée par des seringages répétés sur les feuilles et la mousse.

On ne peut se figurer l'effet produit par ces feuilles larges et d'un vert foncé, régulièrement imbriquées les unes sur les autres et cachant la tige.

En hiver, les soins consistent à modérer les arrosements et les bassinages, qui doivent cependant être donnés une fois par jour, le matin.

Pseudodracontium. N. E. Brown, de *pseudo*, faux, et *Dracontium*, par allusion aux *Dracontium*. Petit genre, ne comptant que deux espèces de plantes de serre chaude, tuberculeuses, dont l'une est celle connue sous le nom d'*Amorphophallus Lacouri* et que nous avons maintenue sous ce nom. Culture des *Amorphophallus*.

Remusatia, Schott.

Le genre *Remusatia*, dédié à Abel Remusat, historien orientaliste et médecin (1785-1832), fondé par Schott, comprend trois ou quatre espèces de plantes tuberculeuses des Indes orientales et de Java.

Fleurs monoïques insérées sur un spadice non appendiculé, plus court que la spathe, sessile et rétréci au milieu ; fleurs mâles et femelles séparées et espacées ; partie mâle claviforme et stipitée ; partie femelle plus étroite et cylindrique, spathe à tube vert, enroulé et persistant, rétréci à la gorge et à limbe jaunâtre, étalé ou réfracté et à la fin fendu, puis caduc, porté par une hampe courte.

L'espèce suivante est la seule cultivée, mais on la rencontre cependant très rarement dans les serres où elle mériterait d'avoir une meilleure place.

R. vivipara Schott. = *Caladium viviparum* Nees. Indes orientales.

Bulbe entouré d'écailles terminées chacune par une pointe crochue; feuilles pétiolées, peltées, à limbe cordiforme, entier, d'un beau vert foncé velouté, avec des bandes marrons surtout apparentes dans leur jeunesse. Le tubercule de cette plante émet latéralement des tiges portant en automne une quantité innombrable de petites bulbilles. Se cultive de la même façon que le *Colocaria esculenta*, mais en serre froide l'été, quoique sa culture serait à essayer en plein air pendant la belle saison.

Multiplication par les tubercules latéraux et par les bulbilles que l'on plante au printemps après les avoir conservées comme des graines.

Rhaphidophora, Schott.

Le genre *Rhaphidophora*, de *raphidos*, aiguille, et *phero*, porter, par allusion aux poils aciculaires qui abondent dans les méats intercellulaires de la plante, fondé par Schott, comprend environ une trentaine d'espèces de plantes grimpantes arbustives, à tiges radicantes, grêles ou robustes, habitant l'Asie tropicale, l'archipel Malais, l'Australie, les îles de l'océan Pacifique et l'Afrique. Fleurs insignifiantes, généralement hermaphrodites, insérées sur un spadice sessile, cylindrique, épais, à spathe épaisse, naviculaire, entourant entièrement le spadice, d'abord oblongue et convolutée, puis béante et souvent rostrée, marcescente et à la fin caduque; pédoncules terminaux solitaires ou fasciculés.

Les *Rhaphidophora* sont des plantes à feuilles distiques, inéquilatérales, souvent amples, lancéolées ou ovales-oblongues, entières, perforées ou pinnatifides, rarement pinnatipartites, portées par des pétioles courts ou allongés, longuement engainés. Le faciès général de ces végétaux rappelle certains *Philodendron* ou des *Pothos* et leur culture ne diffère aucunement de celle appliquée à ces genres.

Les espèces suivantes se trouvent parfois, mais rarement dans les cultures où on les emploie aux mêmes usages que les plantes précitées, c'est-à-dire à la décoration des piliers, des colonnes, des murs, des troncs d'arbres :

R. decursiva. Schott. Indes. 1859. — Feuilles oblongues, inégalement pinnatiséquées jusqu'au delà du milieu du limbe, en segments au nombre de 15 et plus de chaque côté sur les feuilles adultes, presque égaux et linéaires ; pétioles d'un tiers plus courts que les feuilles.

R. lancifolia. Schott. Indes occidentales. 1874. — Tiges cylindriques portant des feuilles lancéolées, cuspidées, inéquilatérales, de 20 à 25 centimètres de long, glabres, et d'un vert foncé luisant.

R. Peepla. Schott. Indes orientales. — Feuilles oblongues ou elliptiques oblongues, arrondies à la base ou en forme de coin, acuminées, longuement cuspidées et aiguës.

R. pertusa. Schott. Indes orientales. — Feuilles entières, perforées ou pinnatifides, inéquilatérales, cordiformes à la base, courtement cuspidées au sommet, portées par des pétioles un quart plus courts que les feuilles.

Culture et multiplication des *Philodendron* et des *Pothos*. Serre chaude humide.

Rhodospatha, P. et Endl.

Le genre *Rhodospatha*, de *rhodo*, rose, et *spatha*, spathe, par allusion à la couleur de la spathe de certaines espèces, fondé par Pœpp et Endlicher, comprend environ six à sept espèces de plantes grimpantes originaires de l'Amérique tropicale.

Ce sont des végétaux à feuilles distiques, elliptiques oblongues, acuminées à nervures nombreuses et parallèles.

Fleurs toutes hermaphrodites ou les inférieures femelles, disposées en spadice dense, cylindrique, allongé, stipité, plus court que la spathe qui est naviculaire, rostrée et caduque.

Les *Rhodospatha* sont rares dans les cultures, où ils méritent cependant une place par leur feuillage ornemental; on rencontre parfois dans les serres le *R. picta* sous le nom de *Spathiphyllum pictum*. — Leur culture ne diffère pas de celle des *Anthurium* de serre chaude, auquel on peut les associer et leur multiplication s'effectue par les mêmes procédés que pour ces derniers.

R. blanda. Schott. Brésil. 1860. — Feuilles oblongues elliptiques, légèrement obtuses à la base, aiguës et un peu arquées au sommet. Spathe jaune ocreux verdâtre.

R. picta. Hort. = *Spathiphyllum pictum*. Hort. Amérique du Sud. 1874. — Plante à faciès de *Dieffenbachia*, à feuilles un peu charnues, légèrement ovales-elliptiques, de 50 centimètres de long, d'un vert foncé luisant, maculées de jaune le long des nervures transversales.

Sauromatum, Schott.

Le genre *Sauromatum*, de *saura*, lézard, par allusion aux bigarrures de la partie interne des spathes, fondé par Schott, comprend environ six espèces de plantes vivaces, tuberculeuses, originaires de l'Asie et l'Afrique tropicales. Feuilles solitaires pédatipartites, portés par des pétioles allongés et arrondis, parfois maculés.

Fleurs mâles et femelles espacées, insérées sur un long spadice appendiculé, mais plus court que la spathe, celle-ci, lancéolée, à tube ventru et à gorge béante, marcescente, puis tombant à la fin.

Les *Sauromatum* sont des plantes assez ornementales par leur feuillage et leur port rappelant celui des *Amorphophallus*; leur culture est d'ailleurs identique à celle de ces plantes.

Ornement des serres chaudes et des serres froides pendant l'été.

On rencontre dans les collections les espèces suivantes :

S. guttatum. Schott. = *Arum venosum*. Ait. Himalaya. 1830. — Pétioles non maculés, portant des feuilles à divisions oblongues ou oblongues-lancéolées et acuminées. Spathe vert olive à l'extérieur ; à l'intérieur vert jaunâtre, avec de grandes taches irrégulières, pourpre foncé. Floraison en mai.

S. pedatum. Schott. Indes orientales? 1815. — Plante atteignant environ 1 mètre, à pétioles allongés portant des feuilles divisées en 7, 9 ou 11 segments obovales-oblongs, aigus, courtement acuminés à la base. Spathe colorée à l'extérieur en vert jaunâtre, tachée de brun vers le sommet, marbrée à l'intérieur de pourpre noir et de jaune.

S. punctatum. C. Koch. Himalaya. 1858. — Plante naine, à feuilles trifoliolées, à foliole médiane solitaire, elliptique, les autre à sept divisions pédalées.

S. nervosum. Indes orientales. 1848. — Pétioles maculés, portant des feuilles à segments oblongs, cunéiformes à la base, acuminés au sommet, à nervures jaunâtres. Spathe pourpre à l'extérieur, jaunâtre et maculée de taches pourpres à l'intérieur.

Schismatoglottis, Z. et M.

Le genre *Schismatoglottis*, de *schisma*, caduc, et *glotta*, langue, parce que le limbe de la spathe se détache et tombe rapidement, fondé par Zoll et Mors, comprend environ une quinzaine de plantes herbacées, stolonifères, originaires de la Malaisie.

Les *Schismatoglottis* sont des plantes de serre chaude à feuilles oblongues ou ovales-cordiformes rarement hastées ou lancéolées, souvent élégamment marbrées et maculées, et cultivées pour la beauté de leur feuillage.

Fleurs réunies en spadice sessile, rétréci en dessus et en dessous, entouré d'une spathe cylindrique. La partie femelle, cylindrique ou conique, est plus courte que la partie mâle.

Les *Schismatoglottis* sont assez connus dans les cultures et constituent de charmantes plantes de serre chaude, exigeant le même traitement que les *Aglaonema* et les *Curmeria*. On cultive surtout les espèces suivantes :

S. crispata. **Hook. f. Bornéo. 1881.** — Feuilles

cordiformes-oblongues, un peu cuspidées, vert foncé en dessus, avec une large bande irrégulière et grisâtre de chaque côté de la nervure médiane où des stries verdâtres s'étendent entre les nervures secondaires.

S. decora. Bull. = *S. pulchra*. N. E. B.

S. latifolia. Miger. = *S. rupestris*. Zoll et Mors.

S. Lavallei. Lind. Bornéo et Sumatra. — Feuilles d'un vert gai à la page supérieure, panachées de taches grisâtres irrégulières.

Cette espèce a produit les deux jolies variétés suivantes :

S. L. immaculata. Hort. = *S. Lansbergiana*. Lind. Java. 1882. — Feuilles d'un vert gai uniforme sur la page supérieure, pétioles pourpre vineux ainsi que la page inférieure.

S. L. purpurea. Hort. Sumatra. 1882. — Feuilles d'un vert gai et maculées comme chez le type, mais à page inférieure et pétioles pourpre vineux.

S. longispatha. Bull. Bornéo. 1881. — Rhizomes courts émettant des tiges courtes, dressées, formant touffe, portant des feuilles obliquement ovales, d'un vert clair, longues de 10 cent., marquées d'une bande centrale gris argenté, striée sur les bords, laissant la nervure médiane bien apparente.

S. neoguinensis. N. E. Br. = *Colocasia neoguinensis*. Ed. André. Nouvelle-Guinée. 1879. — Feuilles ovales-aiguës, cordiformes à la base, d'un vert gai et irrégulièrement marquées de grandes taches vert jaunâtre.

S. picta. Schott. Java. 1864. — Feuilles ovales-cordiformes, à bande médiane striée.

S. pulchra. N. E. Br. = *S. decora*. Bull. Bornéo. 1884. — Charmante plante à feuilles obliquement oblongues, aiguës, cordiformes à la base de 10 à 12 centimètres de long sur 4 à 6 de large, d'un vert glauque tout particulier sur la page supérieure et couvertes de taches irrégulières d'un vert argenté.

S. rupestris. Zoll. et Mors. = *S. latifolia.* Miger. Java. 1882. — Tiges épaisses portant des feuilles ovales-aiguës, profondément cordiformes, à lobes semi-ovales ; pétioles plus longs que le limbe.

S. siamensis. W. Bull. Siam. 1884. — Plante naine, régulière ; feuilles ovales-acuminées d'un vert luisant et maculées de blanc.

Culture et multiplication des *Aglaonema* et des *Curmeria.*

Scindapsus, Schott.

Le genre *Scindapsus*, de *Skindapsos*, ancien nom grec d'une plante analogue au Lierre, fondé par Schott, comprend environ neuf espèces de plantes grimpantes, frutescentes, originaires de l'Asie tropicale, l'archipel Indien, la Nouvelle-Guinée, etc. Plusieurs espèces de ce genre se trouvent maintenant classées dans les *Rhaphidophora.*

Fleurs toutes fertiles, très nombreuses et compactes sur un spadice sessile, cylindrique, hermaphrodite, avec les fleurs pistillées seulement dans le bas et dans le haut des fleurs à pistils, entourées d'étamines nombreuses, contenues dans une spathe en forme de nacelle, jaunâtre ou d'un rouge sale, épaisse, plus longue que le spadice et caduque ; stigmate sessile-oblong. Baie monosperne, à graines en crochet. Les *Scindapsus* sont des plantes grimpantes de serre chaude, à feuilles ovales, oblongues ou oblongues-lancéolées, acuminées, à pétioles allongés et engainants au sommet; leur faciès général rappelle certains *Pothos*, des *Philodendron*, ou des *Rhaphidophora*, et c'est sous ces noms erronés que certaines espèces se trouvent dans les collections. Leur culture ne diffère pas de celle appliquée aux autres végétaux précités et les emplois auxquels ils peuvent servir sont tout à fait identiques.

S. argyræus. Engl. = *Pothos argyræa*. Hort. nom sous lequel nous avons placé cette plante.

S. officinalis. Schott. Indes. 1820. — Plante atteignant environ $1^{m}20$, à feuilles arrondies ou lâchement cordiformes, émarginées à la base, brusquement et longuement cuspidées au sommet.

S. pertusus. Schott. = *Philodendron pertusum*.

S. picta. Hasskn. Java. — Feuilles arrondies ou un peu cordiformes à la base, rétrécies au sommet en pointe, d'un vert foncé en dessus, irrégulièrement maculées et suffusées de vert plus pâle, non maculées en dessous.

Spathiphyllum, Schott.

Le genre *Spathiphyllum*, de *spathe*, spathe, et *phyllon*, feuille, par allusion à l'aspect foliacé de la spathe, fondé par Schott, et auquel on a réuni les *Amomophyllum*. Engl., et les *Massowia*. C. Koch, comprend environ vingt espèces de plantes vivaces, presque acaules, originaires de l'Amérique tropicale et de l'archipel Malais. Quelques espèces de *Spathiphyllum* sont de charmantes plantes décoratives, à faciès général d'*Anthurium*, auxquels on peut les associer dans les serres et dont ils réclament le même traitement.

Fleurs toutes fertiles, très rapprochées sur une spadice cylindrique, sessile ou parfois stipité, plus court que la spathe et à pédoncule parfois soudé à celle-ci, qui est membraneuse, oblongue ou lancéolée, aiguë, acuminée, puis largement ouverte, accrescente et persistante.

ESPÈCES

Spathiphyllum candidum. N. E. Brown. = *Anthurium candidum* W. Bull. 1875. Colombie. — Plante haute de 20 centimètres, à pétioles grêles et dressés terminés par des feuilles ovales-lancéolées, acuminées de 15 à 30 centimètres de long. Spathe d'un blanc pur, ovale-acuminée ; spadice blanc, grêle, droit et cylindrique. Voisin du *S. Patini.*

S. cannæfolium. Schott. = *S. cannæforme.* Engl. = *Anthurium Dechardi.* Hort. = *Massowia cannæfolia.* = *S. candicans.* Guyane, Brésil. — Plante haute de 30 centimètres à pétioles engainés presque jusqu'au milieu, portant des feuilles ovales ou elliptiques oblongues, d'un beau vert. Spathe blanche elliptique oblongue ou lancéolée, odorante, de 15 centimètres de long sur 5 centimètres de large. Spadice blanc. Nous avons vu des spathes devenir vertes en veillissant

S. cochlearispathum. Engl. = *S. heliconiæfolium.* Schott. Mexique. 1875. — Plante atteignant jusqu'à 1^{m}20 de hauteur, à feuilles largement oblongues, ondulées, d'environ 1 mètre de long sur 30 centimètres de large, arrondies ou presque cordiformes à la base, d'un vert lustré, portées par de longs pétioles. Spathe verte.

S. commutatum. Schott. Iles Philippines. 1870. — Plante atteignant 75 centimètres de hauteur, à feuilles ovales-oblongues, d'un vert foncé, pl u courtes que les pétioles. Spathe blanche, oblongue-lancéolée ; spadice court, blanc.

S. floribundum N. E. Br. = *Anthurium floribundum*. Linden et André. Nouvelle-Grenade. 1878. — Plante haute de 30 centimètres, portant des feuilles elliptiques-oblongues ou oblongues-lancéolées, ondulées, plus pâles en dessous, portées par des pétioles

Fig. 21. — Spathiphyllum cochlearispathum

presque aussi longs que le limbe. Spathe d'un blanc d'ivoire de 5 centimètres de long, oblongue-lancéolée ; spadice blanc, un peu stipité.

S. heliconiæfolium. = *S. cochlearispathum*.

S. Ortgiesi. Regel. Mexique. 1873. — Plante haute de 50 centimètres environ, à pétioles ailés portant des feuilles elliptiques ou elliptiques-oblongues, ondulées ; spathe d'un vert gai, oblongue-elliptique ; spadice blanc.

S. Patini. N. E. Br. = *Anthurium Patini*. R. Hogg. = *Amomophyllum Patini*. Engl. Nouvelle-Grenade. 1874.

— Plante haute de 25 à 30 centimètres, à pétioles dressés grêles et deux fois aussi longs que les feuilles qui sont lancéolées, très aiguës et d'un vert pâle ; spathe blanche sauf la nervure médiane qui est verte, oblongue, lancéolée-acuminée, étalée ou réfléchie, spadice stipité, verdâtre. Le plus floribond des *Spathiphyllum;* presque toujours en fleur.

S. pictum. = *Rhodospatha picta.*

S. Wallisi. = *Stenospermation popayanense.*

HYBRIDES

S. hybridum. Hort. 1887. — Obtenu par la fécondation du *S. cannæfolium* et du *S. Patini*, cet hybride est intermédiaire entre ses deux parents dont il conserve les mérites. La spathe est aussi large que dans le premier, et blanche sur les deux faces.

CULTURE DES SPATHIPHYLLUM

Plus connus dans le monde horticole sous le nom générique d'*Anthurium*, dont elles se rapprochent beaucoup, ces plantes se cultivent tout à fait comme ces derniers (*voir cette culture*).

Quelques espèces comme les *S. cannæfolium*, *floribundum*, *Patini* sont très répandues dans les serres. et c'est à juste titre, car ce sont de charmants végétaux acaules, florifères, à jolies fleurs, parfois odorantes, et à feuillage élégant et d'un beau vert.

Ils sont très précieux comme plantes d'appartement, où ils résistent mieux que les *Anthurium*.

On peut les cultiver en bonne serre tempérée, 15 à 17° centigrades. La multiplication est facile et s'opère par la division des touffes en mars, au moment du rempotage, qui doit être pratiqué chaque année.

Staurostigma, Scheidw.

Le genre *Staurostigma*, de *stauros*, croix, et *stigma*, stigmate, par allusion à la position en croix ou étoilée des stigmates, renferme 5 à 6 espèces de plantes tubérifères herbacées, de l'Amérique tropicale. Comprend les *Asterostigma* et les *Rhopalostigma* de Schott.

Feuilles longuement pétiolées, hastées cordiformes, pinnatiséquées ou pinnatipartites.

Ce sont des plantes peu connues dans les collections et que l'on doit cultiver en serre chaude, comme les *Alocasia*, en leur procurant un repos accusé pendant l'hiver.

On connaît les *S. concinnum*. Hort. = *Caladium lucidum*, Kunth, et ses variétés *colubrinum*, *Langsdorffi* et *lineolatum* et les *S. Luschnathianum* et *Riedelianum*.

Stenospermation, Schott.

Le genre Stenospermation, de *stenos*, étroit, et *spermation*, diminutif de *sperma* graine, par allusion à la gracilité des graines, fondé par Schott, comprend quelques espèces de plantes herbacées ou des sous-arbrisseaux originaires de l'Amérique tropicale. Tiges allongées, rampantes et radicantes sur toute leur longueur, portant des feuilles distiques, coriaces, lancéolées-acuminées, portées par des pétioles courts ou allongés.

Ces plantes se cultivent et se multiplient comme les *Spathiphyllum*.

S. multiovulatum. Schott. Colombie. 1896. Tige noirâtre de 1 à 2 mètres de longueur, portant des feuilles coriaces, d'un vert opaque, plus pâle sur la face inférieure, de 35 à 50 centimètres de long sur 12 à 15 centimètres de large, avec des pétioles de 15 à 20 centimètres.

S. popayanense. Schott. Andes de Popaya. 1875. — Plante toujours verte dont la tige droite porte des feuilles elliptiques oblongues ou oblongues-lancéolées, légèrement obtuses à la base.

S. Wallisi. Mart. Nouvelle-Grenade. — Feuilles oblongues-lancéolées, arrondies ou cunéiformes à la base, cuspidées au sommet, avec les bords un peu crénelés, longues de 15 à 18 centimètres.

Steudnera, C. Koch.

Le genre *Steudnera*, dédié à Steudner, botaniste allemand, de Görlitz, fondé par C. Koch, comprend quelques espèces de plantes herbacées, de serre chaude, habitant les Indes orientales. Tige épaisse, allongée, garnie de gaines membraneuses, portant des feuilles longuement pétiolées, peltées, ovales-oblongues et émarginées à la base. Fleurs toutes parfaites, réunies sur un spadice plus court que la spathe, celle-ci ovale-lancéolée, puis réfléchie au-dessus du milieu et marcescente. La culture de ces plantes est identique à celle des *Caladium du Brésil*, et leur multiplication s'effectue par rejets, boutures, ou division des vieilles souches. Serre chaude.

S. colocasiæfolia, C. Koch. Chiapas, Indes orientales. 1869. — Tige courte, épaisse et charnue, pourvue de longs pétioles portant des feuilles d'un vert obscur en dessus, plus pâle en dessous, à pétioles parfois violets. Spathe très grande, jaunâtre à l'extérieur, pourpre foncé à l'intérieur; ces fleurs dégagent une odeur assez agréable à une certaine distance, mais fétide de près, et se contournent en spirale le lendemain de leur épanouissement.

S. c. discolor. Hort. Bull. Indes orientales. **1874**. — Feuilles marquées en dessus et autour des nervures primaires de taches pourpre brunâtre. Spathe jaunâtre sur les deux faces et purpurine à la base.

Symplocarpus, Salisb.

Le genre *Symplocarpus*, de *symploke*, réunion, et *karpos*, fruit, par allusion à la réunion des ovaires en un fruit composé, fondé par Salisbury, comprend une seule espèce de plante vivace, exhalant une odeur fétide analogue à celle du putois d'Amérique. Elle prospère dans les endroits humides et tourbeux et se multiplie par la division des touffes. Serre chaude.

S. fœtidus. Nutt. = *Pothos fœtidus*. Ait. Amérique, Asie et Japon. — Feuilles de 30 à 50 centimètres de long, amples, ovales-cordiformes, aiguës, épaisses, coriaces et à nervures épaisses, portées par des pétioles courts, forts et longuement engainants. Spathe maculée et striée de pourpre et de vert jaunâtre, coriace et persistante; spadice violet. Fleurit en mai.

Syngonium, Schott.

Le genre *Syngonium*, de *syn*, confluent, et *gone*, sein, par allusion à la cohésion des anthères, fondé par Schott, comprend environ 8 espèces de plantes grimpantes, de serre chaude, habitant l'Amérique tropicale. Feuilles pétiolées, les primaires sagittées, les adultes à 3-9 divisions, portées par des pétioles allongés, pourvus de gaines persistantes et accrescentes. Fleurs monoïques, les mâles et les femelles espacées sur un spadice inappendiculé, beaucoup plus court que la spathe qui est à tube ovoïde, accrescent et persistant, contracté à la gorge, à limbe concave et caduc, portées par des pédoncules, fasciculés ou solitaires et courts.

La culture de ces plantes ne diffère pas de celle appliquée aux *Philodendron* et aux *Pothos* grimpants, et leur multiplication s'effectue de même très facilement par le bouturage des tiges.

S. affine. Schott. = *S. gracile*. Schott. Brésil. — Feuilles aiguës à lobes antérieurs oblongs triangulaires, les postérieurs triséqués, sub-auriculés ou auriculés, portées par des pétioles 2 ou 3 fois aussi longs que les feuilles, engainés jusqu'au milieu. Spathe jaunâtre.

S. auritum. Schott. La Jamaïque. — Rameaux verts portant des feuilles à 3 ou 5 divisions, dont le segment médian est plus grand que les autres, largement ovale, oblong, arrondi et courtement cunéiforme vers la base; les lobes latéraux à côtés inégaux, falciformes, oblongs et auriculés. Spathe purpurine et jaune.

S. gracile. Schott = S. affine *Schott*.

S. podophyllum Schott. β. *albo-lineatum*. Hort. = *S. Seemanni*. Hort. Amérique centrale. — Pétioles allongés, portant des feuilles sagittées, les adultes composés de 5-7 segments espacés, oblongs-lancéolés et aigus; à nervures médianes et latérales blanchâtres.

S. Seemanni Hort. = *S. podophyllum albo-lineatum* Hort.

S. Vellozianum. Schott. Rio-de-Janeiro. — Pétioles engainés jusqu'au-dessus du milieu, portant des feuilles assez largement sagittées. Jeunes rameaux grêles.

Spathe jaunâtre à l'extérieur, blanc verdâtre à l'intérieur; pédoncules nombreux, assez longs et grêles.

Le *S. Reidelianum* est une forme à tube de la spathe, oblong et à pédoncules plus courts.

S. Wendlandi. Schott. Costa Rica. — Tige ascendante à entre-nœuds verts, portant des feuilles triséquées, à segments oblongs lancéolés; les jeunes feuilles sont sagittées.

Xanthosoma, Schott.

Le genre *Xanthosoma*, du grec *xanthos*, jaune et *sôma*, corps, fondé par Schott, comprend quelques espèces de plantes vivaces, rhizomateuses originaires de l'Amérique tropicale, et que l'on cultive dans les colonies au point de vue alimentaire. Ce sont des végétaux à feuilles sagittées, à pédoncules courts, généralement solitaires, portant une spathe droite, convolutée à la base, jaunâtre; spadice portant les organes des deux sexes espacés, avec des organes rudimentaires au-dessous des étamines; anthères nombreuses, formées en cercle autour de supports communs; ovaires nombreux, ramassés. Baies.

ESPÈCES

Xanthosoma Lindeni. = *Phyllotænium Lindeni.*

X. sagittifolium. Schott. = *Arum sagittifolium.* L. = *Caladium sagittifolium.* Vent. Brésil. — Rhizome épais portant des feuilles grandes, sagittées, avec les lobes de la base divariqués et obtus, acuminées, longuement pétiolées, d'abord dressées, puis prenant une position oblique à leur complet développement. Spathe ovale, concave, plus longue que le spadice. Remarquable par son beau et grand feuillage qui lui donne un emploi analogue au *Colocasia esculenta*; il se cultive, d'ailleurs, de la même façon, se multiplie et s'hiverne de même. Cette plante porte, aux Antilles, le nom vulgaire de *Chou caraïbe* et ses rhizomes et ses feuilles servent d'aliment. Le *X. edule.* Schott, de la Guyane, ressemble beaucoup à cette espèce et s'en distingue presque uniquement parce que sa hampe est comprimée.

Fig. 22. — Xanthosoma sagittifolium.

X. violaceum. Desf. Antilles. — Autre espèce remarquable, qui se distingue surtout de la précédente par la coloration d'un vert violacé pruineux des pétioles et des feuilles.

Peut être employée aux mêmes usages que l'espèce précitée, se cultive et se multiplie de même.

X. violaceum β *albo-violaceum*. — Variété à pétioles panachés de blanc.

Il existe encore plusieurs autres espèces de *Xanthosoma* peu ou pas connues dans le commerce, mais qui n'en possèdent pas moins de réelles qualités décoratives dont on ne tire pas parti.

La culture de ces plantes ne diffère pas de celle appliquée au *Colocasia esculenta ;* nous prions donc le lecteur de bien vouloir se reporter à cet article.

Zamioculcas Boivini. Decne. 1870. Afrique tropicale.

Z. Loddigesi. Schott. Afrique tropicale.

Plantes plus singulières que belles, dont les tiges affectent la forme de certains pseudo-bulbes d'Orchidées. On peut les cultiver comme épiphytes, à la façon des *Anthurium*, en serre chaude humide. Fleurissent rarement dans les cultures.

Multiplication par boutures de tiges au printemps.

LISTE D'AROÏDÉES POUVANT ÊTRE CULTIVÉES L'ÉTÉ, EN PLEIN AIR, SOUS LE CLIMAT DE PARIS.

Les genres sont peu nombreux qui fournissent des espèces pouvant supporter le plein air, pendant la belle saison, sous le climat de Paris, et il faut en vouloir à nos étés courts, aux brusques changements de température, si fréquents chez nous, aux vents qui fatiguent et abîment le feuillage presque toujours fragile de ces Aroïdées, à la grêle et aux fortes pluies qui crèvent les feuilles. Aussi est-il de rigueur de choisir une place convenable pour leur plantation.

La meilleure exposition est celle où les plantes peuvent recevoir le plus de soleil possible et partant le plus de chaleur, dans un endroit abrité des vents et des grands courants d'air. Ajoutons à cela qu'elles demandent un sol riche et profond, frais de sa nature ou entretenu tel par un bon paillage et des arrosements abondants.

Dans l'ouest de la France et au sud, les Aroïdées prospèrent beaucoup mieux que chez nous, et certaines espèces peuvent même passer l'hiver dehors sous une bonne couverture; leur nombre devient aussi plus grand et des essais devraient même être faits dans ce sens, car la rusticité relative des végétaux ne peut se reconnaître qu'après expérience.

Les plantes dont les noms suivent sont toutes ornementales au premier chef et possèdent un faciès élégant ou imposant et vraiment exotique; elles gagnent toutes à être plantées isolément ou en groupe de deux à trois au plus, sur les pelouses, dans les points de vue, ou à former de grandes corbeilles, associées aux *Canna* à feuillage, *Wigandia*, *Ricin*, *Solanum*, *Eucalyptus*, etc.; partout elles remplissent dignement leur rôle.

Voici la liste des espèces qui peuvent être ou sont employées pour la décoration des jardins :

Alocasia conspicua. E. André.

Amorphophallus campanulatus.

— *Rivieri*.

Caladium du Brésil. (Peu recommandable sous le climat de Paris.)

Caladium violaceum:

Colocasia antiquorum.

— *Devansayana*.

Colocasia esculenta (*Caladium esculentum* des jardiniers).

Colocasia indica.

— *nymphæfolia.*

— *odora* (*Caladium odorum* des jardiniers).

Remusatia vivipara.

Sauromatum guttatum.

Xanthosoma sagittifolium.

— *violaceem.*

— — β. *albo-violaceum.*

LES AROÏDÉES DANS LA DÉCORATION DES APPARTEMENTS

Si l'on n'admettait comme plantes d'appartements que celles qui sont assez résistantes de leur nature pour soutenir la vie dans nos lieux d'habitation et se résigner aux caprices des personnes qui les soignent, il y en aurait certes bien peu qui pourraient jouer ce rôle; mais, si l'on range sous ce nom toutes celles qui, à un titre quelconque, peuvent embellir nos demeures, la limite est extrême, et bien peu de végétaux, hormis ceux de culture spéciale, ne peuvent servir à la décoration des appartements.

Les vraies plantes d'appartement servent de garniture permanente, les autres de garniture temporaire. Parmi ces dernières, il faut placer en première ligne les Aroïdées exotiques.

Si la majeure partie des plantes de cette famille réclame constamment le séjour de la serre, un petit nombre d'entre elles supporte cependant une vie moins régulière et peut concourir, au moins pendant un certain temps, à la décoration intérieure des habitations.

Une certaine position sociale est nécessaire pour s'offrir des *Anthurium*, des *Dieffenbachia* ou des *Caladium* comme ornements de jardinières et de cachepots; mais aussi quels végétaux se trouvent mieux à leur place parmi toutes les élégances de style mobilier, de tentures, de lumières et de glaces, et que leur présence imprime bien son cachet d'exotisme dans le milieu où elles se trouvent placées!

Elles semblent vraiment nées pour vivre dans ce luxe de la civilisation, elles qui sont le luxe de la nature, et c'est là qu'elles font valoir le mieux leur feuillage tantôt velouté et sombre, parfois clair et paré des plus brillantes couleurs, et leurs inflorescences aussi belles que durables.

Aux amateurs qui peuvent se donner la satisfaction de cette culture et aux jardiniers possesseurs d'une serre chaude et dans l'obligation de pourvoir souvent à la garniture des appartements, nous conseillons la culture de quelques-unes de ces plantes. Les Aroïdées cultivées dans ce but doivent cependant trouver dans les lieux où elles sont obligées de végéter provisoirement certains éléments indispensables à leur bonne conservation, être l'objet de soins donnés par un jardinier, soins un peu différents de ceux que l'on accorde à la majeure partie des plantes cultivées en chambre, et dont les prescriptions peuvent se résumer comme suit :

Maintenir une température assez régulière, et qui ne doit jamais s'abaisser la nuit et en hiver au-dessous de 12-10° C. pour les espèces de serre chaude, et de 8-6° au minimum pour celles de serre tempérée. Eviter les changements brusques de température, les courants d'air.

Donner le plus de lumière possible aux plantes; les placer hors du contact immédiat des bouches de calorifères ou des cheminées.

Veiller à les arroser à temps, mais plutôt modérément et souvent; entretenir une propreté rigoureuse sur les feuilles.

Remettre en serre dès qu'une plante paraît fatiguée et jaunit.

D'après les soins qu'elles exigent, c'est donc surtout en été, de mai à octobre, que les Aroïdées conviennent pour la décoration, mais il n'est pas difficile, dans les appartements chauds, de les y conserver pendant l'hiver, en ne ménageant pas les soins.

Dans ces conditions, les espèces sont nombreuses qui peuvent se prêter à la garniture des habitations; nous donnons ci-dessous la liste des plus recommandables :

PLANTES FLEURISSANTES

Anthurium Andreanum et variétés.
— *Scherzerianum*.
— *carneum*.
— *Ferrierense*.
Spathiphyllum candidum.
— *cannæfolium* (*Dechardi*).
— *hybridum*.
— *Patini*.

PLANTES A FEUILLAGE ORNEMENTAL

Amorphophallus Rivieri et autres.
Anthurium acaule.
— *cordifolium*.
— *coriaceum*.
— *leuconeurum*.
— *subsignatum*.
Caladium du Brésil (variétés vigoureuses).
— *violaceum*

Dieffenbachia amœna.
— *Bausei.*
— *eburnea.*
— *imperialis.*
— *latimaculata.*
— *picta*, *Reginæ*, etc.
Philodendron pertusum.
Remusatia vivipara.
Xanthosoma sagittifolium.
— *violaceum.*

TERRE DE BRUYÈRE FIBREUSE, RACINES DE POLYPODE, SPHAGNUM

Nous croyons utile d'écrire quelques lignes pour parler de la terre de bruyère fibreuse, qui sert spécialement à la nourriture des Aroïdées exotiques avec le sphagnum. Cette terre, qui se forme dans les bois par l'accumulation des feuilles mortes, des mousses, des débris de ramilles, de souches décomposées, de racines mortes, etc., offre, suivant les lieux et après un certain nombre d'années, une couche variant en épaisseur, augmentant chaque saison, par l'apport de nouvelles matières.

Il y a plusieurs qualités, plusieurs couleurs de cette terre, suivant les endroits où elle est prise et le degré de décomposition des matériaux. Celle que nous préférons à tout autre et que nous faisons venir de Belgique, découpée en morceaux d'environ 4 centimètres d'épaisseur, longs de 30 centimètres et larges de 20 centimètres, est bien compacte et ne se brise pas en morceaux lorsqu'on la manipule. Sa couleur est jaune foncé, *rousse* comme nous disons, ou un peu brunâtre, mais elle ne doit pas être noire ou tourbeuse. Au toucher, elle est douce, onctueuse et paraît pleine de racines mortes. Tels sont les caractères extérieurs auxquels on reconnaît une bonne terre de bruyère fibreuse. Nous conseillons vivement aux intéressés de n'acheter celle-ci qu'avec la garantie qu'elle sera conforme à l'échantillon qu'ils auront demandé.

On doit la placer en tas carré, ce qui est rendu facile par son état en plaques, dans l'endroit réservé aux terres à rempoter, et, s'il est possible, au nord et à l'abri des pluies, sous un hangar.

Au moment de son emploi, on la concasse grossièrement en morceaux plus ou moins gros, suivant les plantes à rempoter.

Il nous reste aussi un mot à dire de l'emploi utile que l'on peut faire des déchets de terre de bruyère vraie ou du terreau de feuilles, terre de bruyère de Belgique, qui n'ont pu passer au crible, au moment du tamisage de celle-ci ; ces déchets sont, en général, des souches de plantes mortes, des racines, des brindilles, etc.

Ils sont excellents pour garnir le fond des pots au-dessus du lit de tessons, et doivent être employés à cet usage.

Les racines de Polypode, aussi employées dans le rempotage des Aroïdées, proviennent d'une fougère, le *Polypodium vulgare*, qui croît principalement sur les vieilles murailles, les pentes, les talus, parmi les détritus végétaux de toute nature. Ces racines, que l'on peut se procurer dans le commerce sous ce nom, sont vendues avec leur rhizome, duquel on détache alors toutes les radicelles qui servent, associées au sphagnum, à diverses opérations relatives à la végétation et à la multiplication des Aroïdées.

La Sphaine des marais (*Sphagnum palustre*, *L.*) est une mousse qui vit dans les lieux humides et marécageux de nos pays et dont l'emploi s'est généralisé dans la culture des Orchidées et des Aroïdées exotiques.

C'est une plante haute de quelques centimètres et qui s'allonge davantage lorsqu'elle est placée dans un lieu très humide, aux petites feuilles lancéolées, d'un vert pâle et devenant presque blanches; elle est susceptible de conserver beaucoup d'humidité dans ses tissus. Les meilleures parties sont les *têtes* qui offrent une surface verte et capables de continuer à végéter étant tenues humides.

En tout cas, il ne faut jamais l'acheter que bien vivant et vert. Il est assez difficile de le conserver dans cet état à toute époque afin d'en avoir sous la main en temps voulu, et, après plusieurs essais, nous nous sommes arrêté à celui de placer notre sphagnum sur la terre, les têtes bien à la surface, dans notre orangerie, et de le bassiner chaque jour à l'arrosoir à pomme. De cette façon, il se maintient à peu près en végétation (sans *filer*) et sans trop blanchir. Nous nous le procurons ainsi toujours frais, au fur et à mesure des besoins.

FÉCONDATION ARTIFICIELLE ET HYBRIDATION DES AROIDÉES

L'hybridation proprement dite a joué un rôle remarquable dans les Aroïdées, en créant de toutes pièces, surtout parmi les *Anthurium* floraux, des sujets intéressants à tous les points de vue. C'est même à cette facile création d'hybrides que nous devons une bonne partie de la vogue de ces végétaux.

A part quelques introductions remarquables, qui ont pour ainsi dire fourni les matériaux à travailler, c'est à de savants spécialistes que nous devons de pouvoir admirer ces superbes produits artificiels. Certaines espèces ont aussi fourni, tel l'*Anthurium Scherzerianum*, des variétés et métis de beaucoup de mérite, ce qui prouve que non seulement les plantes de cette famille ont une facile tendance à s'hybrider entre elles, mais aussi qu'elles peuvent produire des variations spontanées comme beaucoup de plantes vulgaires de nos jardins, et s'améliorer par voie de sélection.

L'hybridation bi-spécifique (c'est-à-dire entre deux espèces) paraît facile d'après le dire des spécialistes en la matière et aussi d'après les résultats obtenus ; tout le succès dépend de la manière d'opérer.

Quelques auteurs ont avancé que la fécondation était possible entre deux genres d'Aroïdées différents ; mais, jusqu'à preuve matérielle, nous n'osons pas être de cet avis, surtout que les hybrides bi-génériques sont excessivement rares, aussi bien dans le règne végétal que dans le règne animal. C'est là une théorie qui mérite d'être confirmée.

Par contre, l'hybridation entre espèces peut être prise dans son sens le plus étendu et sans tenir compte des rapprochements ou éloignements botaniques que la pratique doit rejeter ici ; les faits sont là qui prouvent cette théorie.

Les hybrides des Aroïdées sont en général plus vigoureux que leurs parents ou par exception le contraire, comme chez l'*Anthurium Devansayanum*. Les Aroïdées sont des végétaux chez qui les fleurs sont généralement unisexuées, quelquefois hermaphrodites, et dont la fécondité dans les serres est extrêmement variable.

Il a été remarqué que les fleurs pistillées d'une plante se fécondent mieux avec le pollen d'une autre plante de la même espèce ; que, pour avoir la chance d'obtenir quelques graines, il faut posséder dans sa serre plusieurs plantes identiques.

Si l'on ajoute à cela que les meilleures conditions pour voir grainer une fleur sont de fournir autant que possible et suivant la saison : une aération suffisante, pas trop d'humidité atmosphérique, enfin les moyens mis en pratique par la nature pour aider la fécondation des fleurs ; on voit qu'une bonne fructification n'est pas l'effet du hasard. Nous avons noté aussi une plus grande facilité à grainer chez les fleurs des plantes adultes que chez celles des jeunes.

La fécondation naturelle s'opère quelquefois et peut donner de très bonnes graines ; nous avons ainsi obtenu des *Anthurium* de toute beauté, et dont les variations étaient quelquefois profondes, soit comme coloris, soit comme forme de fleurs. C'est d'ailleurs ainsi que se sont produites les nombreuses variétés de l'*A. Scherzerianum* et celles de l'*Andreanum*.

Les Aroïdées, comme beaucoup de végétaux, sont essentiellement variables, et cette variabilité est encore plus prononcée chez les sujets déjà ébranlés dans leur nature, comme les hybrides ; ce qui fait qu'il est si facile d'obtenir des variétés toujours nouvelles et de plus en plus nombreuses. Entre les mains des spécialistes elles se prêtent volontiers à toutes les transformations qu'ils veulent leur faire subir, par voie de sélection.

D'après les expériences de M. Bergman et de M. Bleu, il est prouvé que, chez certaines espèces, les produits d'une fécondation intervertie sont semblables, c'est-à-dire que la plante qui a servi de mère peut servir de père indifféremment et réciproquement, et donne une descendance semblable ou à peu près : c'est là un cas remarquable dans l'hybridation.

Dans la pratique de la fécondation artificielle, l'essentiel est de bien apprendre à connaître le moment de l'anthèse, c'est-à-dire celui où s'ouvre la fleur, et ce temps est très court. La fécondation croisée est naturellement plus facile sur les fleurs unisexuées que sur celles hermaphrodites. Il y a dans cette opération un tour de main que l'observation et la pratique peuvent seules faire connaître, et qui varie aussi avec les espèces auxquelles on a affaire.

FIN

TABLE DES MATIÈRES

PAGES

PRÉFACE DE L'AUTEUR ....

Considérations générales sur les Aroïdées exotiques...... 1
Aglaonema.......................... 7
Espèces 8
Culture.......................... 9
Alocasia.......................... 10
Espèces 13
Hybrides 18
Culture.......................... 23
Amorphophallus.......................... 34
Espèces 35
Culture.......................... 38
Anchomanes 42
Anthurium.......................... 43
1° *Anthurium floraux*, espèces.......... 45
— — hybrides.......... 54
2° *Anthurium à feuillage ornemental*, espèces... 59
— — — hybrides.. 69
Culture.......................... 73
Arisæma.......................... 82
Caladium 83
Espèces 84
Liste descriptive des *Caladium* obtenus par M. A. Bleu.......................... 94
Liste supplémentaire des principaux *C.* aujourd'hui cultivés 123
Culture 124
Colocasia 143
Espèces 144
Culture.......................... 145
Curmeria... 148
Espèces 149
Culture.......................... 150
Cyrtosperma.......................... 151

Dieffenbachia 152
Espèces 153
Hybrides 159
Culture 159
Dracontium 165
Epipremnum 166
Gonatanthus 166
Homalonema 167
Culture 169
Lasia 169
Marcgravia 170
Monstera 171
Nephtytis 171
Philodendron 173
Espèces 174
Culture 182
Pistia 185
Pothos 187
Espèces 188
Culture 190
Remusatia 191
Rhaphidophora 192
Rhodospatha 194
Sauromatum 195
Schismatoglottis 196
Scindapsus 198
Spathiphyllum 199
Espèces 200
Hybrides 202
Culture 202
Staurostigma 203
Stenospermation 203
Steudnera 204
Symplocarpus 205
Syngonium 205
Xanthosoma 207
Zamioculcas 209
Liste d'Aroïdées pouvant être cultivées l'été, en plein air, sous le climat de Paris 209
Les Aroïdées dans la décoration des appartements 211
Terre de bruyère fibreuse, polypode, sphagnum 214
Fécondation artificielle et hybridation des Aroïdées 216

PARIS. — IMPRIMERIE F. LEVÉ, RUE CASSETTE, 17.

www.ingramcontent.com/pod-product-compliance
Ingram Content Group UK Ltd.
Pitfield, Milton Keynes, MK11 3LW, UK
UKHW022012170726
13837UKWH00001B/146

9 782019 946159